[修订版]
Revised Edition

设计心理学——2

与复杂共处

Living with Complexity

[美]唐纳德·A·诺曼 著　张磊 译
Donald Arthur Norman

中信出版集团 · CHINACITICPRESS · 北京

图书在版编目（CIP）数据

设计心理学2：与复杂共处／（美）诺曼著；张磊译．—2版．—北京：中信出版社，2015.6（2024.4重印）

ISBN 978-7-5086-5010-4

Ⅰ.①设… Ⅱ.①诺… ②张… Ⅲ.①工业设计－应用心理学 Ⅳ.①TB47-05

中国版本图书馆CIP数据核字（2015）第006439号

设计心理学2：与复杂共处

著　　者：［美］唐纳德·A·诺曼

译　　者：张　磊

策划推广：中信出版社（China CITIC Press）

出版发行：中信出版集团股份有限公司

（北京市朝阳区东三环北路27号嘉铭中心　邮编　100020）

（CITIC Publishing Group）

承 印 者：北京通州皇家印刷厂

开　　本：787mm×1092mm　1/16　　印　　张：15.75　　字　　数：168千字

版　　次：2015年6月第2版　　印　　次：2024年4月第45次印刷

京权图字：01-2010-8204

书　　号：ISBN 978-7-5086-5010-4/G·1074

定　　价：42.00元

唐纳德·诺曼著作：

教材：

Memory and Attention：*An Introduction to Human*

Information Processing（1969 年初版，1976 年再版）

Human Information Processing［与彼得·林赛（Peter Lindsay）合作：1972 年初版，1977 年再版］

科学专著：

Models of Human Memory（编辑，1970 年）

Explorations in Cognition［与戴维·E（David E）、鲁梅尔哈特（Rumelhart）以及 LNR 研究小组合著，1975 年］

Perspectives on Cognitive Science（编辑，1981 年）

User Centered System Design：*New Perspectives on Human – ComputerInteraction*［与史蒂夫·德拉佩（Steve Drapeig），1986 年］

商业书籍：

Learning and Memory（1982 年）

The Psychology of Everyday Things（1988 年，中译本《设计心理学》，2003 年）

The Design of Everyday Things（1990 与 2002 年版，中译本《设计心理学》，2010 年）

Turn Signals Are the Facial Expressions of Automobiles（1992 年）

Things That Make Us Smart（1993 年）

The Invisible Computer：*Why Good Products Can Fail the Personal*

Computer Is So Complex, and Information Appliances Are the Answer（1998年）

Emotional Design：Why We Love（or Hate）Everyday Things（2004年，中译本《情感化设计》，2006年）

The Design of Future Things（2007年，中译本《未来产品的设计》，2009年）

目录

导读 与复杂共处

技术让我们的生活越来越好，也让我们常常无所适从。当购买商品的时候，我们仔细判断，反复权衡，唯恐有所疏漏，但又常常迷失在它们复杂而“强大”的功能之中。能不能简单一些？iPod 做到了，而且做到了极致。其实，苹果公司成功的真正秘诀是他们明白核心问题并不只是产品的设计，而是要对寻找、购买、播放音乐，以及克服法律问题的整个系统进行简化。复杂与简单，得到了该有的平衡，这就是诺曼在他的新书《设计心理学 2：与复杂共处》中揭示给我们的不是秘诀的秘诀。

诺曼总是给我们带来令人惊喜的启发。如果说《设计心理学》数年前给国内设计同行上了一堂基础课，成了人人必备的课外设计教材，那么刚刚出版的《设计心理学 2：与复杂共处》会让你跟上时代的步伐，学习如何管理当下设计中的复杂。复杂是必需的，复杂并不一定是不好的，设计者可以管理复杂，简单也可以让你的生活更复杂。

就像绕口令，但事实确实如此。诺曼的书初读有些晦涩，甚而有点儿乏味，但就像味道恰好的乳酪，含在嘴里，你会慢慢体会到他的旁征博引，深入浅出，那是真正大师的韵味。讲轰动性的话语不难，难的是能将日常生活中的体验一点点分剥离析，让你看到似乎平常的东西后面掩藏的深刻道理。

“糟糕的设计带来情感上的痛苦，人们把它与现代科技联系在一起。而好的设计则能够提供令人满意的、愉快的感受。”作为一个医疗影像设备的设计者，我对此深有体会。在放射诊断领域，传统的 X 射线摄影设备庞大而复杂，走廊上排满等待的病人，每一次拍照都耗时数十分钟。病人摆位、球管定位、对焦、调节角度、再次确认、曝光拍照、预览图像，然后医生告诉你，几天后再来领取片子吧。所幸的是，我们使用全新科技将新产品设计得功能足够强大，而流程尽量简易。操作者只要将射线球管摆到病人要拍照的部位，选好拍照模式，系统会在几秒内自动完成所有的调节功能，然后只要按下曝光手柄，图像就上传到诊断医生的面前，就像傻瓜相机一样简单。

更多的时候，诺曼喜欢这样直白的描述："我们必须适应世界的复杂性，技术的复杂性是无法避免的。"简单和复杂，是事物的两极，却是可以调和的。在优秀的设计中，因科技和客户的期望而需要复杂的结构和功能，同时，设计者需要简化用户的使用方式，提供友好简单的操作界面，这是对设计者的挑战。同往常一样，诺曼的新书里并没有太多答案，只是揭开那层面纱后的真相。"与复杂共生"，是每一个设计者终极的追求。

筱诃

通用电气研发经理

推荐序

复杂设计的含义

在习惯了密斯的金科玉律“少即是多”后，设计师对“复杂”噤若寒蝉，普遍认为复杂的设计就是失败的设计，并因此将与复杂沾边的“装饰”也视为“罪恶”。但是，一个人人都面对却又人人都不愿意承认的事实是，随着科技的快速发展，简单的设计越来越少，复杂的东西却越来越多。

正如诺曼所说，“复杂是世界的一部分，但它不该令人困惑”，“好的设计能够帮助我们驯服复杂，不是让事物变得简单（如果复杂是符合需求的），而是去管理复杂”。作为研究设计的同行，我很佩服他的洞察力，从“常识”和所谓的“真理”中提出问题，不仅需要勇气，还必须具备深入缜密的思考。当然在设计界唯恐避之不及的“复杂”面前为之进行辩护，我更关心的是，他的理由究竟如何展开？

诺曼告诉我们，为什么复杂是必需的？这是一个引人入胜的问题，因为作为一个大多人“有意”遗忘的“常识”，人们不愿意承认复杂是必需的，因为复杂总是挑战人们长期养成的习惯，但在实际生活中，复杂的对立面“简单”——一个功能“简单”的物品与一个头脑简单的人一样，却并不被人看好，人人喜欢好的“功能”，功能强大意味着服务更好；而所有人心里都清楚，没有复杂的科技，就不可能有服务细致入微的“功能”。因此进一步分析，对“简单”的追求，很可能是一个只存在于道德层面的伪命题。而从心理学上说，复杂的事物更容易理解，简单的事物反倒令人困惑；因此，通过强制性功能降低复杂性，只会使我们的生活“更加复杂”。

当然，复杂并不等同于高科技带来的功能的完善，而是在社会性语义符号上另有原因。同样的“功能”在不同的用户手中，因为每个人的文化背景和生活习惯的不同，而在对“使用”的理解上产生了差异，这种差异的“复杂性”是不知不觉的，因而真正构成了“复杂”。

诺曼举了很多例子，有医院的、银行的、新开发产品和服务、秩序的、体验的等等。在这个过程中，他将复杂扩大到社会更广阔的层面，而形成复杂的原因和解决复杂的方法，也更加具有系统意义。

说到底，这本书的观点，是让设计师知道“复杂”不仅是不可避免的，而且还是设计的新的出发点和解决问题的契机，好的设计师必须学会“管理”复杂，管理本身应成为当代设计的组成部分。同时，也提醒消费者和使用者，“复杂”的问题是一个辩证法，被动接受或盲目拒绝“复杂”都不可取，你在选择复杂的时候同时也在使用中管理复杂、享受复杂，这时，物品在与人的互动关系中产生新的生命，因而一件好的设计会沉淀为生活的经典。

我想，这样的一本书是值得推荐的。当然，也许专业的读者会觉得诺曼的论证略显烦琐，但我认为这正是这本著作的中文书名称为“设计心理学”的奥妙之处，一个有经验的智者娓娓道来，你是否有耐心，也要考验你的心理承受能力呢！

杭间

2011 年 6 月 30 日于清华大学美术学院

自　序

我很高兴我的书《设计心理学 2：与复杂共处》可以在中国出版。有关复杂的主题对中国是非常重要的。

中国正在迅速成长为消费技术发展的主要力量，从手机、网站到冰箱、电视机和汽车。教人们做设计的学校正在迅速增加，工程设计也仍然是一种重要的职业。普通人在家里和工作中都经受着越来越多的新技术冲击，有些是简单的，更多的是复杂的，更糟糕的是，很多都是令人困惑和令人沮丧的，于是我把它们称为“困惑的复杂”。

很多设计师都认为亚洲人比西方人更喜欢复杂的东西，他们经常以网站为例，将中国、日本、韩国和印度的网站与看起来比较简单的西方网站相比较。这种观点是错误的，一个网站应该设计得简单还是复杂，是由要完成的活动来决定的，如果一个人想要快速查看许多项目，那么复杂的网站就是适合的，就像很多亚洲网站那样，而且也像美国雅虎（Yahoo）网站或几乎所有美国的报纸一样；如果一个人只想要做一项活动，或许是要搜索，那么简单的网站就是最好的，比如中国的百度、美国的谷歌（Google）或必应网（Bing）。

我第一次提出这些想法是在一个由中国用户体验研究中心在南京举办的名为“友好对待用户”（User Friendly）的国际会议上，会议的副标题是“拥抱亚洲文化”，这是个非常重要的目标。我们的文化不同，我们的很多行为和交互方式都是由我们的文化和传统决定的。但尽管如此，很多事情还是一样的。我们都是人类，都是公民；现代技术在全世界也都是一样的，无论是电话或手机、电视或汽车，还是计算机。虽然每个人都与其他人不同，每种文化都与其他文化不同，但他们的相似性总是多于差异性。

在我的书里，我对人和文化之间的差异很敏感，但都是以强调“我们是多么相似”为前提的。复杂是全世界的生活现实。复杂是良性的，我们的技术必须是复杂的，以匹配生活中的各种活动。令人困惑的复杂是不好的：那意味着把人搞糊涂。所有人和所有的文化都会对令人困惑的技术感到沮丧。我希望这本书会澄清良性的复杂和令人困惑的复杂之间的区别，使全世界的人们可以过上更少感到沮丧、更少感到困惑的生活。

唐纳德·诺曼

www. jnd. org

don@ jnd. org

2011年5月11日

第一章

设计复杂生活：为什么复杂是必需的

每一个自然哲学家的人生座右铭都是——力求简化，并敢于怀疑。

——阿尔弗雷德·诺思·怀特海（Alfred North Whitehead，1861～1947，英国数学家、哲学家）

图1.1中的人泰然自若地坐在他那十分凌乱的办公桌后面。他是如何应对这些复杂情况的呢？我从没跟图中的人谈过——他是阿尔·戈尔，美国前副总统，他因为他的环保工作而获得了诺贝尔和平奖；但是我跟很多其他拥有类似办公桌的人谈过这个问题并作过研究，他们的解释是：这些看起来凌乱的东西都是有序和有组织的。这一点很容易检验：如果我让他们找一样东西，他们知道去哪里找，而且找到的速度经常比那些办公环境整洁有序的人要快得多。这些人面对的主要问题是，其他人总是试图帮助他们清理桌面，他们最担心的就是有一天当他们回到办公室，结果发现有人帮他们收拾好了所有凌乱的东西，并把它们归拢到了“合适”的地方。这样做的话，原本那些隐藏的秩序就丢失了。“请不要试图清理我的办公桌，”他们恳求道，“因为你们那样做的话，我就没法找到任何东西了。”

我的办公桌不像阿尔·戈尔那样凌乱，但是也高高地堆满了纸张、技术和科学杂志，还有那些常见的东西，看起来很凌乱，但显示出一种隐藏的秩序，只有我深谙其道。

人们是如何应对这种表面上的凌乱的？答案就藏在“隐藏的秩序”这个词中。对那些不能够觉察到这种“隐藏的秩序”的人来说，我的办公桌看起来是混乱且难于理解的。而一旦隐藏的秩序显露出来并被理解后，复杂的状况就消失了。对我们的科技来说也是一样的，现代喷气式客机的驾驶舱（图1.2）看起来复杂吗？对普通人来说，是的；但对飞行员来说，不是。对他们来说，仪器仪表都被合情合理地、令人满意地进行了有目的的分组。

图 1. 1

有条理的人却有着凌乱不堪的办公桌，这些人的办公桌反映了他们生活中的复杂状态。对他们而言，桌面上的东西都是有序和有组织的，每件东西都有它特定的位置。

图中人物：美国前副总统阿尔·戈尔（Al Gore），摄影：史蒂夫·派克（Steve Pyke）。

由商业图片公司华盖创意（Getty Images）提供。

图 1. 2

恰当的复杂。对普通人来说，现代喷气式飞机的驾驶舱是令人费解和困惑的复杂。但对于飞行员来说却相反，对他们来说，仪器仪表都被合情合理地、令人满意地进行了有目的的分组。这是波音 787 的飞行驾驶舱。

“为什么我们的科技如此复杂?”人们不断地问我。“事情不可以变得更简单吗?”为什么？因为生活就是复杂的。飞机驾驶舱如此复杂是因为工程师和设计师坚持了错误的喜好吗？不是。如此复杂是因为所有这些东西都是必需的：为了安全地控制飞机，为了精确地导航，保证飞行时间，使乘客在飞行中更舒适，并能够应对在飞行中出现的各种意外情况。

在此，我来区别一下“复杂”（complexity）和“费解”（complicated）这两个词。我用“复杂”来描述世界的状态，用“费解”来描述思维的状态。词典上对“复杂”的解释是指那些拥有很多既错综又相关联的组成部分的事物，这正是我所要使用的含义。词典上对“费解”的解释中有一条次要的含义：“困惑”，这正是我考虑在我的定义中使用的含义。我使用“复杂”来描述世界的状态，及我们的任务和我们使用的工具。我使用“费解”或“困惑”来描述人们努力理解和使用某种物品或与之互动的心理状态。普林斯顿大学的世界网项目（WorldNet program）提出了这个观点，“费解”的含义是“令人困惑的复杂”。

复杂是世界的一部分，但它不该令人困惑：如果我们相信事情就该是这样的，那我们能够接受，就如同那些拥有凌乱办公桌的人能够看到其中隐藏的秩序一样，我们一旦开始理解其中隐藏的原则，我们就能看到复杂中的秩序和条理。然而，当复杂是任意的和不理智的，那我们就有理由感到恼火。

现代科技可以是复杂的，复杂本身的含义既非褒义也非贬义，而令人困惑的就是贬义的。忘掉对复杂的抱怨吧，应该抱怨的是困惑，我们应该抱怨那些让我们感到无助、无能为力的事物，那些让我们难以理解、使我们的控制力和理解力消失的事物。

我面对的挑战是在探索复杂的特性时，在欣赏它们的深度、丰富和美时，还要与很多我们的科技中那些不必要的复杂，不理智的、变化无常的特性相对抗。糟糕的设计是不可原谅的。好的设计能够帮助我们驯服复杂；

不是让事物变得简单（如果复杂是符合需求的），而是去管理复杂。

应对复杂的关键是找到理解的两个方面：第一个是事物的设计决定了它的可理解性，它是否有潜在的逻辑作为基础？一旦掌握了这个逻辑，一切都会变得有条不紊。第二个是我们自己的一套理解能力和技巧。我们有没有花时间和精力去理解并掌握其中的构造？可理解性和理解力是两个要掌握的决定性要素。

主要的难题是理解力：我们所理解的事物就不再令我们费解，不再令人困惑。图1.2中的飞机驾驶舱看起来复杂但是可以被理解，它反映了高科技设备所需要的复杂，现代商用喷气式客机用三件事驯服了这种复杂：智能化的组织、出色的模块化技术以及构造，还有对驾驶员的训练。

几乎所有的人造物都是科技产品

科技（名词）：运转得不是很好，或者以难以理解的、不明确的方式运转的新事物。

科技：以人类生活实用为目的，或为改变和改善人类环境的科学知识的应用。

把科技定义为“运转得不是很好，或者以难以理解的、不明确的方式运转的新事物”是我的观点。更为标准的定义“以人类生活实用为目的……”是来源于《大不列颠百科全书》（*Encyclopedia Britannica*）。大多数人好像把持着第一个定义，以至于不把那些常见的东西像盐和胡椒瓶、纸和笔，甚至家用电话或者收音机看作科技产品。然而，它们的确是科技产品，就像我将在第三章里讨论到的，即使最简单的科技产品也能显露出隐藏着的复杂。简单的日常事物也会令人迷惑，如果我们一次性遇到大量的各种类别各种形态的简单事物，各自的工作原理和操作方法都不相同，那么试图找出每个事物的特定操作方式也确实是费解和令人困惑的。同样，一些看起来很简单的事物也会令人费解，因为要正确地使用它们需要具备文化方面的知识，并了解我们所不熟悉的风俗习惯。

为什么“科技”的含义会指向那些主要是引起困惑和带来困难的事物？为什么操作机器有那么多的困难？问题存在于科技的复杂和生活的复杂的相互作用中。当科技产品的原理、需求和操作与我们日常的使用习惯、人类的行为习惯以及通常的社会互动方式相冲突时，困难就产生了。我们的科技日渐成熟，尤其是日常科技产品正逐渐与完善的计算机运作方式和世界范围的沟通网络相结合，我们开始进入复杂的互动中。

机器有着它们遵循的原则。设计并编制它们的人，大多数是工程师和程序员，具备逻辑性和准确性。结果是，机器经常是由那些受过技术训练的人设计的，他们关注机器的利益多于关注使用者的利益。机器的逻辑被强加于那些不按照这种逻辑来工作的人身上。于是我们之间就出现了物种冲突，因为我们是不同的物种——人和科技产品，我们完全不同，遵循着不同的自然法则，各自按照看不见的原理运转着，躲避着对方，这些原理中隐藏着不言而喻的约定和设想。

简单的东西是怎么变得让人沮丧和费解的

想要一个不必要的令人费解、令人沮丧的设备作为实例？来看我的钢琴吧。在图 1.3 中显示出的罗兰钢琴的控制部分便是令人难以置信的费解。

钢琴的设置对它的使用者（我妻子）非常重要，因为它可以把钢琴的声音调试到预想的状态，对我们来说，就是需要像在音乐会上演奏古典乐的豪华钢琴那样的效果。这需要很长时间去调试各个部分，因为有很多微妙的细节可以控制，而且每个调节控制似乎都合情合理，所以这个过程还算顺利。可是在这之后，我们会想要去存储调试好的结果，以至于不论何时我们打开电源开始演奏时都是这种效果。

Remembering the Settings Even When the Power is Turned Off (Memory Backup)

Normally, the various settings revert to their default values when the power is turned off. However, you can specify that the settings will be remembered even when the power is turned off. This function is called "Memory Backup."

→ *For more on the settings stored using Memory Backup, refer to "Parameters Stored in Memory Backup" (p. 56).*

1. Hold down the [Split] button, and press the [Chorus] button.

The HP107 switches to the set mode.

2. Press the [Metronome/Count In] button.

The button's indicator flashes.

The following appears in the display.

3. Press the [Rec] button.

Memory backup is executed.

When Memory Backup is finished, the display and buttons return to their normal appearance.

左侧照片上的手册中显示：如何操作使钢琴记录本次设定。

按住“分离”（Split）键，然后按下“和声”（Chorus）键。

按下“节拍器/计数”（Metronome/Countin）键。（“buP”应当出现在显示屏上。）

按下“录音”（Rec）键。

图1.3

愚蠢的复杂。罗兰（Roland）钢琴是个不必要的令人费解的设备。它是架出色的钢琴，具备很舒适的按键手感和杰出的音色表现力，但它的数码控制部分不可理喻。这是架昂贵的钢琴，却配有一个非常廉价的显示屏，因而显示出的文字很古怪。音符的音色是由杰出的音乐家贡献的，控制部分却是由笨拙的设计师设计的。

存储设置的概念对一个设备来说再简单不过，这是在拥有多种调节和设置项的设备上很常见的操作。这架钢琴的使用者希望怎么样来存储他们的设置呢？来看看用户手册上的文字描述（图 1.3 中示意）：

1. 按住“分离”键，然后按下“和声”键。

2. 按下“节拍器/计数”键。（“buP”应当出现在显示屏上。）

3. 按下“录音”键。

即使我的妻子和我存储过很多次设置结果，然而我们依然无法记住操作顺序，每次都要翻出用户手册去完成存储操作。这个步骤是那样的随意和不自然，以至于每次我必须要操作的时候，就算用户手册就摆在我面前，我的头一次尝试也总是失败。

这是一架昂贵的钢琴，有着很好的按键操作手感和杰出的音色，反映出音效出色的钢琴所具备的丰富细节，但是生产公司完全忽略了钢琴的控制部分。他们使用了一个廉价的、不讲究的显示屏（看看图 1.3 中显示屏上显示的字符的糟糕质量），尽管他们提供了控制声音音色的按键，但却没有关心钢琴设置的其他方面。换言之，钢琴的控制部分就像是后期才添加的，没有考虑到客户的需求——这相对于倾注在钢琴的音色质量设计上的关注是一个强烈的矛盾。

通常，当我看到糟糕的设计，我都会试图想象究竟是什么力量参与其中而导致了这么糟糕的结果。在这个特定的例子中，我想不出来了。原因是难以参透的，就连用户手册也是莫名其妙的。这是个设计的问题，好的设计师能够想出很多精彩的解决方案来防止用户在需要进行的设置过程中意外迷失。造成令人费解、令人沮丧的系统的主要原因是：糟糕的设计。

当复杂不可避免时，当它反映出世界或者正在执行的任务的复杂状态时，那么它就是可以被容许的，可以被理解的和可以被领会的。然而，当事物令人费解，当复杂是由于糟糕的设计而造成的，带有完全任意的步骤，且没有明显的条理，那么结果就是混乱的、困惑的、令人沮丧的。糟糕的设计带来情感上的痛苦，人们把它与现代科技联系在一起。而好的设计则能够提供令人满意的、愉快的感受。

有很多在我们的生活中要求简单化的呼吁，简化我们追求的行为，简化我们所拥有的东西，尤其是简化我们所使用的科技产品。“为什么有这么多按键，这么多控制装置？”人们恳求道，“给我们少些按键，少些控制装置，少些功能。”他们说道：“为什么我们不能拥有一个只能打电话的手机，功能不多也不少？”始终不变的，对简单的需求总是伴随着绝佳的简单的设备和东西作为实例，简单的器具、手工工具或者家庭用品，所有这些都意图展现简单是的确可行的。

在试图减少由当今的科技产品引发的令人沮丧的感受的过程中，许多解决方案都没抓住要领。没有什么高明的诀窍可以举出个简单的例子，并提出个简单的解决方案。真正的难题是，在我们的生活中真的需要复杂。我们追求丰富、令人满足的生活，丰富总伴随着复杂。我们喜爱的歌曲、故事、游戏和书籍都是丰富、令人满足和复杂的。即便在我们渴望简单的同时，我们也需要复杂。

真正的困难是，伴随着向往简单的呼声，我们的很多活动并不简单。就拿手机来说：手机需要能够开机和关机（这是一个控制键）；要能够拨打电话和接听电话，并能够挂断——这又是两个控制键；如果我们想要拨打一个电话号码，我们就需要 10 个数字键。然而，即使如此也是不够的：能够存储一个经常通话的人的列表和一个拨入拨出电话的列表是很有用的。我们继续增加所需要的操作：拍照，播放音乐，使用扬声器或者耳机接听电话，还有发送短信。即使我们希望设备能够简单，我们也想要它能够做所有这些事情。真正的挑战就是驯服那些生活中所必需的复杂。

现实中的活动有着难以置信的错综复杂，伴随着大量相互关联的事物，需要灵活的执行，需要大量的选择。那么我们该如何管理复杂？假设一个案例，一个有 25 个按键的小设备，更糟一些，假设它有 50 个键，那么它一定是令人费解的，对吗？错了！

在后面，第七章和第八章里，我将讨论设计的原则，而现在，先来看一下图 1.4 中的计算器。由于那些按键被组织成合情合理的式样，所以计算器并没有令人感觉到特别复杂：10 个数字键加上 1 个小数点键，5 个算数操作键，1 个取消键负责取消数字，1 个清除键，4 个记忆功能键。还有 3 个在最顶部的按键负责操作计算机的界面显示。即便有人因没见过而不能理解记忆功能键和负责改变的功能键，忽略掉这些部分，计算器整体上还是完全容易理解的。同样，科技计算器有着 50 个被组织得非常好的按键，就算不能理解所有的按键功能，它依然可以使用。在这个例子中，熟识度和组织性是使之简化的两个秘密。

简化的问题在头脑中和在设备上一样重要。可以想象一下那些按键被随意地排列之后：同样的计算器马上从简单易用变成了非常难用并令人困惑。不同的组织构造造成了不同的结果。

复杂的事物也可以令人愉快

世界是复杂的。看看图 1.5 中的旗子，那两面旗子只是位于同一条街的两边，却飘向相反的方向，这是合理的吗？旗子的相对飘动反映了大自然中隐藏的复杂。注意，观察到这两个旗子的情况并没有造成多少恼怒或厌恶，可以当作消遣："我们今天也许不该出门，如果要出门的话，小心今天的风。"这就是大自然的方式：风有时会用诡异的复杂的方式转向。

有些复杂正是满足需求的。事物太简单时，也会被看作呆板和平庸的。心理学家论证出人们更喜欢中等程度的复杂：太简单我们会感到乏味，太复杂我们会感到困惑。而且，理想的复杂程度是变动的，因为如果我们在一个领域里越内行，就越喜欢复杂程度更高的。这个观点适用于不同的领域，不论音乐或艺术，侦探小说或历史小说，业余爱好或电影。

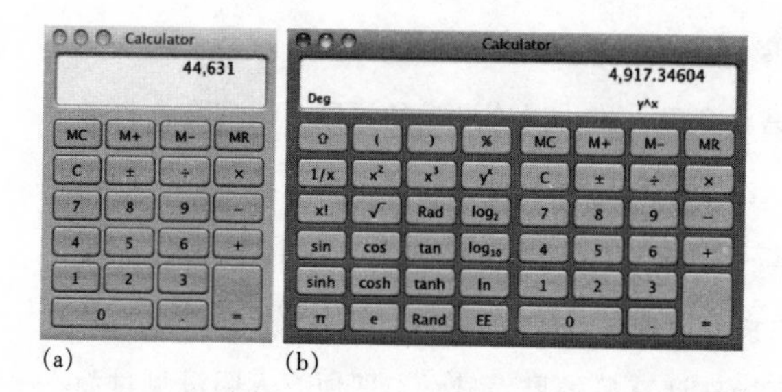

图 1. 4

太多不需要的按键会令人困惑。在图 1. 4（a）中的计算器有 25 个按键（包括 3 个在顶部左侧的按键，负责计算机窗口上计算器的显示操作），但是因为它们被组织成合理的集合，所以大多数人都觉得这个计算器很简单且很好理解。同样，在图 1. 4（b）中的科技计算器有 49 个按键（还有一个显示屏）也是容易理解的，即便有些人不明白那些“sinh”、“Rand”和“yx”之类的是什么意思：只要简单地忽略它们就行了。

图 1. 5

即使大自然也是复杂的。两面旗子，只是位于同一条街的两边，却飘向相反的方向，为什么？这是一个在美国伊利诺伊州埃文斯顿（Evanston）的典型的有风天气（埃文斯顿也被称作“风之城”，在芝加哥北部）。（照片是可信的，取景自我的公寓窗口。）

有时候复杂是意料之外的，但又是必需的，就像在运动或法律界，人们摸清规则钻空子的能力引出了更多的规则。如今，法律条款既数量繁多又不够精确，因此即使我们最先进的计算机也不能掌握它们。而在运动界，专业裁判有时候必须聚在一起或请教其他人来决定一条裁定。举个美国棒球运动的例子，这是个相对简单的运动游戏，可是它的规则手册超过200页长：有关棒球用语部分的清单加上缩略释义就占了13页。所有主流运动的确都有同样的现象。国际足联的足球官方规则手册超过了70页长，其中包括了一个44页的“常见问题”部分，还附有一个给官员用的300页的官方指南。他们网站上最方便的可供下载的“比赛规则”有138页。

来看一个有关棒球的例子，内场高飞球（Infield Fly）可以为表现出棒球的复杂提供一个很好的实例。对那些不了解这项运动或与这项运动毫不相干的读者来说，下面的文字有可能显得高深莫测，这正好准确地表明了我的观点。不管你喜欢什么运动，有什么爱好或是从事什么职业，在内行人享受着其中的乐趣时，外行人却在抓耳挠腮，惊讶于一个成年人居然会花那么多时间在这种事情上。我敢保证不管你最喜爱的消遣是什么，其中一定有像棒球的内场高飞球这样神秘的、令人费解的习惯或规则。

规则是这样的，如果击球手打出了一个在内场范围内的高飞球，而且一个防守队员在球触地之前接住了它，那么所有正在跑垒的攻方队员必须回到他们的出发点。并且，他们被允许安全地回到出发点。但是规则提供了一个有趣的机会：假定接球手没有接到球，那么他就被允许快速捡起掉落的球来传杀对方队员使其出局。防守方很快发现故意让球掉落是对他们有利的，之后可以快速捡起球来传杀已离垒的进攻球员，将他们淘汰出局。这被视为不公平的行为，由此内场高飞球规则就被采用了——无论球是否被接住，都判定内场高飞球已被接住，击球手自动出局——用来防止那种欺骗手段。

这条规则只应用在内场手身上，这就增加了困难，规则中必须规定谁是内场手。为什么规则只应用在内场手身上？目的是要防止内场手利用规则的漏洞故意掉球来使己方队伍受益，那么谁是内场手呢？结论是，即使是外场手也可被看作内场手。规则描述道："基于此规则的目的性，投手、接球手和任何外场手在比赛中处于内场的位置都应该被视为内场手。"那"故意掉球后捡起"是什么意思呢？规则引用了一段官方规则手册的内容作为注释："裁判员负责判定球是否可以被内场手正常地接住——而不是依靠随意的限制，比如草地或者垒线。如果裁判员判定一个被外场手接住的球本可以被某个内场手轻松接住，裁判员也必须判定此球为内场高飞球。"完整的定义加上官方的注释一共用了差不多350字——满满一页。

棒球的复杂让我们烦恼了吗？当然是的，然而这种复杂也为人们享受这项运动做出了贡献，爱好者们很享受对于那些难解规则的长时间争论，体育新闻工作者为他们详细的相关知识和能够反驳裁判的能力而自豪。规则的复杂被加入到运动中，而且，这看起来是无可取代的：不论法律或者运动中的规则，都是为了界定所容许的行为参数而必需的。我们的行为是复杂的，有时是反常的——我们的规则手册和法律反映了这种复杂。

即便在有些地方，复杂不是被要求的，我们有时还会把它找出来。来看看图1.6中的咖啡壶，这种复杂是必需的吗？实际上，制作咖啡正是个极好的例子，来权衡简单和复杂，方便和口味，轻松和在漫长仪式中的满足。

制作咖啡和茶都开始于简单的豆子或叶子，它们都必须被晾干或烘干、研磨，然后浸泡在水中来制作。在原理上，去制作一杯咖啡或茶是很简单的，只要简单地把研磨好的咖啡豆或茶叶放在热水中浸泡片刻，之后把咖啡渣或茶叶取出就可饮用。但是对于咖啡或茶的鉴赏家来说，对完美的味道的探求需要很长时间，什么样的咖啡豆？什么样的茶叶？什么水温，多长时间？水相对于茶叶或咖啡的比例是多少才是合适的？

图 1.6
讨人喜欢的复杂。皇家咖啡壶制造商（Royal Coffee Makers）生产的比利时皇家咖啡壶（平衡式虹吸壶，The Balancing Siphon Coffee Maker）。这个咖啡壶看起来是不是极度复杂？是的，而且这就是关键所在：讨人喜欢的视觉上的复杂正是吸引力之一。

对制作出完美的咖啡或茶的探求基本上是相对于饮用它们而言的。茶道则特别的复杂，有时需要多年的学习才能掌握它的复杂内容。在茶和咖啡领域，那些追求方便的人和追求完美的人一直都在争论。你是想要在茶或咖啡的制作仪式中体会奢华的享受，还是想简单地马上喝到，不需要那么麻烦和小题大做？有时，我们会喜欢仪式中的复杂和味道中的微妙之处；有时，我们会想要轻松和简单，不要礼仪和仪式。在简单和复杂的权衡比较中，简单并不一直是胜出者，食物的准备过程是这种情况的实例之一。

对完美咖啡壶的探求会带来完美的味道，研究它们的每个点滴努力都是值得的。我们的选择从简单逐渐变为精细。最简单的方法大概是把碾碎或研磨好的咖啡豆放入一壶水中煮一会儿（在很多国家，3分钟是个理想时间）。最讲究的做法是用昂贵的咖啡机来自动研磨咖啡豆，捣碎、烧水，制作咖啡，还有处理咖啡渣。自动咖啡机的种类还在继续增加，从自动滴流咖啡壶到如今最受欢迎的浓缩咖啡易理包（Coffee Pod）方式，每杯使用一个包装好的易理包，在最短的时间就可制作出一杯咖啡，并且是最方便清理的。

喜爱复杂的一个极端的例子就是图1.6中所示的奇妙的咖啡壶。把水倒入右边的容器，把咖啡放入左边，点燃右边容器下的火焰，等到水沸腾后，生成的空气压力会使水进入左边的容器，水和咖啡就在那里混合。这时候左边的容器会比右边的重，就会导致一个盖子落到火焰上盖住，使得右边的容器冷却，减少它内部的压力。在咖啡壶的使用手册上说道，这样就会在右边容器中制造出真空效果，使咖啡被吸回容器中，同时由于咖啡从咖啡豆间隙中通过而使咖啡豆被滤出。我不知道这样做出来的咖啡有多好，但是很明显，这个机器本身和这套仪式就是令人满意的主要部分。

为什么要用这样复杂的程序来制作一杯简单的咖啡？仪式总是在增加我们生活中的复杂，然而另一方面，它们提供了文化中成员关系的意义和含义。对咖啡爱好者来说，咖啡制作过程中讲究的仪式增加了生活的乐趣和满足。如果可以不考虑价格和时间因素的话，我们总会喜欢刚加工好的新鲜食物而不是罐头和速冻食品，喜欢刚研磨完冲泡好的咖啡或全叶片茶叶而不是速溶咖啡或茶包。最终，我们大多数人还是依靠时间因素和在社会背景中每件事情的重要程度去选择用哪种方法的。

所有的文化都有制作和享用食物的礼仪。在我们吃的时候我们要遵循社会传统：需要用什么器具和去做什么？谁先吃谁后吃？谁为谁服务？这些都隐藏在礼仪中。考虑一下这三种选择：（A）一顿由厨师制作的饭，由厨师手切新鲜食物，煎了需要煎的部分，花费了30分钟来准备合你口味的食物；（B）和选项（A）的内容一样，只是你是那个厨师；（C）用在微波炉中解冻速冻食品的方式来快速准备好食物。哪个选项是你最想要的？答案是：要看情况。生活中总是混杂着权衡和比较，在这个例子中包括时间、精力、价格、味道、做某事的满足感和当天的需求。

生活中的一般技能需要花费数月来学习

有一个衡量复杂程度的方法是以学习相关项目所需要的时间量为依据。然而这个时间量大得惊人，即使那些我们喜欢称之为简单的和“凭直觉的”活动实际上也很复杂、随意，并很难掌握。有些困难的事是由大自然和世界的复杂性产生出的结果。例如，农业的复杂产生于生物学需求的复杂混合：植物、气候的变化无常，它们以一年为周期的循环，还有对家畜的照顾和喂养。准备食物是复杂的，是由于需要把原料——不管是肉类、蔬菜还是无机物——转化成可消化且美味可口的形式。除了这些自然需求之外，人们还强加了社会性需求，例如伴随着准备和消耗食物过程中讲究的仪式。规则明确了在进餐时什么样的行为是正确的和恰当的——餐桌礼仪——也许是属于非理性的复杂，甚至是毫无意义的，但是社会需要它们被学习和被遵守，即使有些人不顾这些规范，他们事实上也遵守他们自己主观上的礼仪。

社会对很多不理智的复杂系统都适应得很好，成年人由于忘掉了为了掌握它们而花费的漫长的学习时间，而几乎忽略了它们的复杂和困难。两个既复杂又令人困惑和费解的复杂系统就是时间的定义和字母表。

人类与时间的关系有着悠久的历史。农业和狩猎都遵循着以一年为周期的循环，这引导了历法和计时的发展，主要由祭司来管理。工业的发展创造了工厂，需要很多人在同一个地方、同一个时间里一起工作，因而钟表变成了一个控制行为的重要手段：什么时候起床、吃饭、祷告、汇报工作，什么时候休息和下班。钟表其实是一个随意多变的机械装置，并不能很好地迎合人类的需要，但它作为计时工具管理着社会。

很久以前，每天的时间是由人类的需求来定义的，把白天的时间分成12个小时，中午作为第6个小时的开始。在北部地区，夏天白天的时长会比冬天长很多，而由于小时被定义为从日出到日落期间的1/12长，所以一个夏天小时就会远远长于一个冬天小时。虽然这种计时方法被钟摆的机械连贯性、天文计算法以及原子振动周期所取代，但是把一天分为两个12小时的方法还是保留了下来。在18世纪末的法国大革命期间，曾有一个把时间单位重新定义成更合理的十进制形式的尝试，显然，尝试失败了。

钟表上面有两个很相像的旋转指针用来指示时间，一个指示12个单位，一个指示60个。许多人抵制把钟表分隔成更简单易懂的十进制显示方式的简化行为，他们反而更喜欢这种旋转模拟显示方式，这种需要花上孩子们数月的时间去学习掌握却依然会出现辨识错误的显示方式。（他们的主张是，这种“模拟式”指针可以使人迅速估计出经过了多少时间和剩余多少时间。）我们描述时间的方法是复杂和令人困惑的，但是社会学会了接受它。

字母表创造了另一套非理性的复杂。语言是从说话和手势中自然而然地演化出来的。书写的发明引发了世界各地不同的文明都试图把声音表达成书写符号，结果形成了多种多样的书写方法，而且不是所有的书写方法都能够与语言的发音相对应。

有些语言拥有一个字母表，每个符号有一个发音。有些语言有音节表，每个符号发一个音节，通常是辅音—元音相配合。有些语言既没有字母表也没有音节表，每个字都是一个独特的象形文字符号，因而学习读这种语言需要记住每个字符和它的发音，这是个持续一生的过程：中文就是个重要的例子。日语同时使用了音节和象形字符，还有两个看起来完全不同的音节表，其实读音却是相同的，这也造成了难题。学习日语需要同时学习两种音节表（片假名和平假名），加上中文的象形文字（日本汉字），还有罗马的字母表也在一些词中或某种情况中使用。

不管哪种语言的读者都必须掌握相应的书写系统，然而大多数成年人都忘记了这个任务有多难。不仅每一个字符的发音要掌握，而且发音经常根据语境而变化，甚至字母的形状也根据大写、小写、手写体（书法体）或印刷体而有不同，还有的是按照字母是在词的开头、中间或结尾部分而有不同的情况。有些语言只在儿童和正在学习语言的人中使用元音符号，在成年人的文本中就不再使用。世界上不同语言的书写系统真是令人惊异的复杂。

学习的动力和难度之间的矛盾是很难被克服的。在有些语言中，字符和发音的关系是一一对应、简单明了的，在另一些语言中，这种关系看起来却是奇怪且随意的，英语差不多就是拼写和发音不能对应的最糟糕的实例。

有的语言拥有精心设计过的字母表。举例来说，韩国的韩文字母表就是在15世纪由皇帝和语言学家组成的委员会一起精心设计而成的（而后又经过不断的完善，直至20世纪中叶成形），拥有14个辅音符号和10个元音符号。每个字是由3～4个“辅音—元音—辅音”的组合来排列成一个方块形状。虽然最终的结果看起来有点像中文字符，但它是按照字母符号组合成的，这就意味着生词的发音是可以看懂的，这就是跟中文字符不一样的地方。韩国本国人认为这一点学起来十分容易，所以他们声称只要15分钟就能掌握韩文字母表。有一本语言学家写的官方书籍名字叫作“你可以在一个早上学会韩文字母表”。看来那些传言太夸张了。

举个例子：由6个英文字母组成的词“韩文”（Hangul）的发音是由6个韩文字母“ㅎ”、“ㅏ”、“ㄴ”、“ㄱ”、“ㅡ”和“ㄹ”组成的，这些韩文字母分成两个各含有3个字母的方块字符后就是“한글”。

写这个段落时，我身在韩国的大田市努力学习了几周的韩文和韩文字母表。其他的外国人也确认他们也花了几周的时间来学习。为什么会这么难呢？当然，字母表的确设计得很简练，但所有的语言都有它们自己发音的微妙之处，而且在书写系统中要包含所有的口语发音是很困难的。英文的字母表有26个字母，但是英语的拼写和发音规则却是难以置信的复杂：即使母语是英语的人也会犯错。韩文字母表除了它的10个元音和14个辅音之外，还有11个额外的由基本元音组合而成的元音符号，以及5个双辅音，这些都有它们自己的规则，还要算上另外11个组合辅音的规则。

合计起来，共有51个不同的符号要学习，而且，即便学者们坚持认为符号的形状不是随意的，据说都表示出了发声或音节的正确口型，但在练习时，这种联系实在是太抽象、太难以捉摸了，至少对我来说，这对我的学习一点儿作用都没有。难学吧？复杂吧？当然是了。

不要责怪韩语的复杂：它的字母表确实算得上是所有字母表中最合逻辑和简练的一个，去责怪这个世界吧。语言演变了几千年，都具有简写、外来词、语法和发音的特例，没有什么简单的字母表或音节表能够完全把控住语言内在的复杂。

这是所有人类语言的表达方式，拥有出色的表达能力，拥有非常强大的力量。书写的发明使我们的生活有了极大的提升。书写让知识、思想、故事和诗歌可以流传给他人，使得知识的传播可以穿越时空。正是像书写这样的人造物的发明使我们越来越聪明，包括发明书写和阅读在内的这类事情，让我们变得更有智慧。但是在纸上书写符号与说话发音之间有很大的区别，这其中显而易见的矛盾和复杂性是不可避免的。口头语言很自然，任何人都能学会；书写语言是主观的和变化多端的，学起来很困难，世界上不能够掌握书写能力的人数量惊人。

我们表达音乐的方式有着深远的历史根源，然而这并不意味着它会简单。对大多数乐器而言，音乐符号被描绘成位于五线谱不同位置上的椭圆形，每个五线谱有五根水平线，音符可以放置在五线谱的上面或下面（有时会增加临时的短水平线来作为五线谱固有的五根线的扩展），以及线上或两线之间。因为线上和线间的位置不能够囊括所有在音乐中使用到的音调，因而其他的符号，升音符号（#）和降音符号（b）也需要被使用。音符在五线谱上的意义是由特定的音乐谱号来决定的，这又增加了复杂度。被广泛使用的谱号有：高音谱号、低音谱号、中音谱号和次中音谱号，所以看起来几乎一样的椭圆符号与谱线组合而成的意义在不同谱号的标志下就完全不同。一个在五线谱最下端的椭圆符号在每个谱号标志下的含义完全不同：在高音谱号标志下发“Mi”（音名 E），在低音谱号标志下发“Sol”（音名 G），在中音谱号标志下发“Fa”（音名 F），在次中音谱号标志下发“Re”（音名 D）。钢琴演奏者通常使用低音和高音两个谱号，这意味着他们必须同时读两套五线谱，每套的发音规则都不同。管乐使用一套由三排五线谱组成的宏大乐谱，其中两排五线谱各负责一只手，而第三排那个则负责脚踏板——通常是顶上一排五线谱使用高音谱号，底下一排使用低音谱号，中间一排使用的谱号则是变化的。从设计上来说，当同样的符号或者操作根据背景情况而有不同意味时，就叫作“调式”显示，这也是众所周知的容易混淆和出错的地方（见图 1.7）。

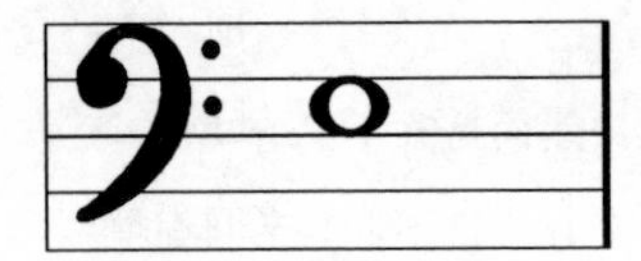

图 1. 7
高音谱号和低音谱号。描述一下这种类型模式的记谱方法给学习带来的困惑：在有高音谱号标志的五线谱（上面的五线谱）上的椭圆音符表示音调“Do”（音名 C），而同样的音符出现在有低音谱号标志的五线谱（下面的五线谱）上则表示音调“Mi”（音名 F）。

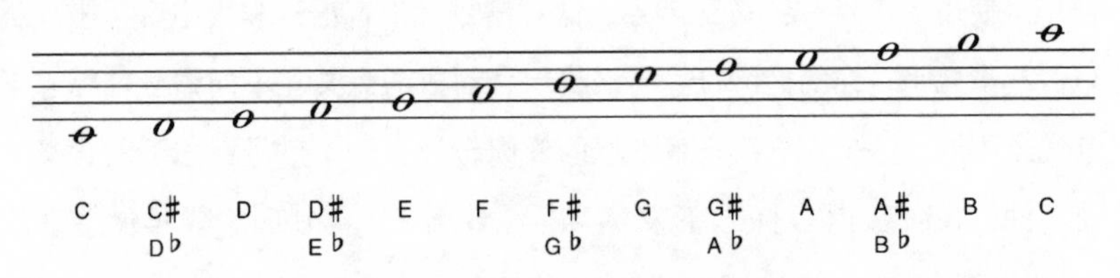

图 1. 8
半音音阶记谱方式，一个出色的音乐线谱表达方式，不再需要升调和降调，音阶记号是多余的了（但依然有用），最重要的是，每个乐谱都准确地表达同样的八度音阶，对所有的乐谱来说，不管是高音谱还是低音谱，音阶的表达都完全一致：举例来说，不管是在哪个八度音阶上演奏，Re（音名 D）是一直标记在五线谱的最下面一条线上的。来源于“音乐记谱方案”（*The Music Notation Project*，网址：http://musicnotation.org）。

识别乐谱所造成的混淆其实是不必要的。经过一会儿工夫的修修补补，我想出了一个让每个谱号乐段都准确表示一个八度音阶的记谱方法，这样就使每个椭圆音符都一直准确地表示同一个音调，而无须再考虑目前的谱号是什么。然而在网络上查询了一下之后，我发现我可以被列入一个长长的名单里，他们都试图改善记谱方式的缺点。一位20世纪很有影响力的作曲家阿诺德·勋伯格（Arnold Schoenberg）在差不多一个世纪以前（1924年）说道："对创造新记谱方法或从根本上对传统方法做出改进的需求，比它看起来要大得多，很多充满智慧的头脑提出了超出一般想象的出色解决方案。"

很快我发现了一个比我的方法更优秀的记谱系统，它消除了由调式引起的升调降调之类的所有困惑，这是一个半音谱，同样采用目前所使用的五根线，但是将所有的音调安排到各自固定的位置上，这就解决了去标记升调、降调、平调的需要，也无需告诉演奏者音乐是哪种调式。在这种五线谱中，最下面一根线表示"Re"（音名D），一二线之间表示"升Re"（音名D#），第二条线表示"Mi"（音名E），二三线间是"Fa"（音名F），第三线则是"升Fa"（音名F#）（见图1.8）。

那我们可以用这种记谱系统替换别的吗？不大可能：传统是很难被征服的。

乐器种类繁多，有着各种各样的形状、大小和形式，大多数都有着悠久的历史，有些甚至长达几千年，它们的基本构造来源于早期音乐家对弦的振动、管状空气、薄膜和簧片的物理特性的意外发现，乐器的人体工程学问题则很少被考虑。结果，演奏这些乐器就需要用不自然的身体姿势，比如演奏像小提琴这类的弦乐器需要左手的扭曲姿势，有时甚至是种极大的负担：看看那些管乐演奏者鼓起的面颊，或是弦乐演奏者手指尖上的老茧就会知道。很多音乐演奏者由于在演奏中身体重复的受损乃至受伤而不得不结束他们的事业，尤其是那些键盘和弦乐演奏者。还有许多专业音乐人由于必须长期忍受着非常高的音量而受到了严重的听力损害。我相信要是在现今有人推出在人体工程学方面被质疑对健康和安全有威胁的乐器，他们一定会失败。电脑键盘相对于很多乐器来说算是很温和的设备，它的制造者却还经常因为对人手和手腕的损害而在美国法院被起诉。

掌握乐器的演奏很不容易，即使那些看起来最简单的也需要花上几年。比如钢琴，是相对而言简单易懂的，掌握它却难得不可思议，学习时间数以年计。请注意，对乐器的学习有两个方面，一个是对器械方面的身体掌握：如何握持，正确的姿势，如何呼吸。许多乐器需要很费劲儿的身体运用或吹奏技巧，有些需要左右手同时使用不同的节奏，还有些需要同时使用双手和脚（竖琴、钢琴、管风琴、打击乐器）。然而，这许多方面还只属于简单的部分，困难的部分是掌握音乐本身，理解作曲者和指挥的意图，并与其他演奏者的演奏协调在一起。在爵士乐或摇滚乐中，有可能没有印刷好的乐谱，因此演奏者们必须恰当地临场发挥，这些技巧需要一生的时间来练习。

即使像开车这样的日常活动，看起来很容易掌握，也是够复杂的，这需要几周时间来入门，然后用几个月的时间来达到熟练操作。还记得你第一次学开车时的情景吗？每件事似乎都发生得太快了，双手和脚要同时操作，同时要注意车的后面、两侧以及前方的物体，还要注意识别和遵守那些不知从路边什么地方冒出来的路标和信号灯：这简直是不可能完成的。可开了几年车后，这又让人感觉太简单轻松了，人们在开车的时候吃食物、化妆、捡地上的东西，做很多事。简单是一种假象，熟练的司机总认为在开车时会很轻松，但很快在没有任何预兆的情况下，危险情况就出现了。结果就是，全球每年都有上千万人在汽车事故中受到伤害。

开车是简单的还是复杂的？易懂的还是费解的？答案是：全看司机和具体情况而定。

学习读和写，演奏乐器和开车都很复杂，我们有没有讨厌这种事情呢？

不会的。我们并不介意那些适当的复杂。是的，我们的确不喜欢花上一小时去学一些神秘怪诞的机器，但我们很乐意去花上数周甚至数年去学那些在难度和复杂程度上都看起来适当的任务：开车、学习乘法表和长除法规则，还有学习字母表，并且在去一个新国家时学习他们的字母表。

想想学习打网球或高尔夫，素描或着色绘画，或是学习一种新工艺，每件事都需要花几个月来学习、几年来掌握。我曾经为了关于最少需要5000小时的学习才能变成专家的观点而争论过，那个结论在今天看来花的时间是太少了。如今，按照那些有学习技巧的达到专家水平的人的经验法则，这需要差不多10年或者1万小时的刻意练习，才能够达到世界级水平。注意在这些时间里并不意味着仅仅是完成操作或演奏：需要的是刻意的、主动的，经常有老师或者教练辅助的练习。达到专家级的表现真的很难，这些任务都有着惊人的复杂。

我发现一个有趣的现象，当一个新科技需要1～2小时的学习时，我们就会抱怨，有些人会因为15分钟的学习而抱怨，然而我们并没有抱怨那些伴随我们成长的事，比如游泳、滑雪或是骑自行车，它们都要花费大量的时间去掌握。阅读、书写和算术，这些教育的基础都要用几年的时间去掌握，我们应该因此抱怨吗？不，相对这些任务而言，这些时间都是适当的。当新事物的复杂性是适当的时候，花费时间和精力去掌握它就是合理的。那些没有必要令人费解、困惑和没有清晰构造的科技和设施，才值得我们去抱怨。

简单只存在于头脑中

图2.1
克里斯·萨格鲁（Chris Sugrue）的作品：《敏感的边界》（*Delicate Boundaries*）。生物在屏幕上蠕动，当手触到屏幕时，那些生物就爬出屏幕跑到手和胳膊上。萨格鲁在迷惑我们的大脑。我在意大利都灵（Turin）她的展览上看到了这个作品，那也是她获得第一个奖项的地方。照片来源于她的网站。

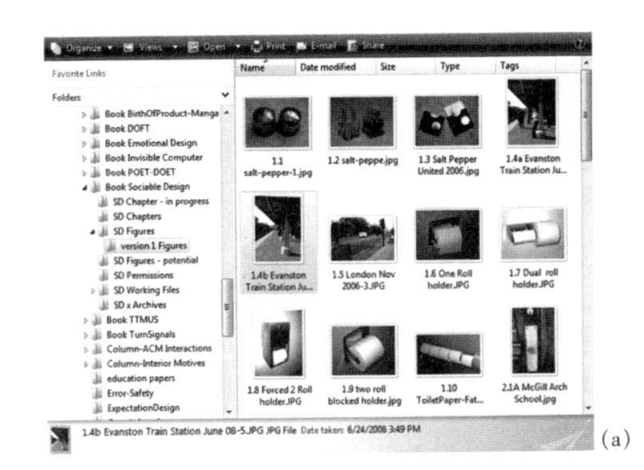

(a)

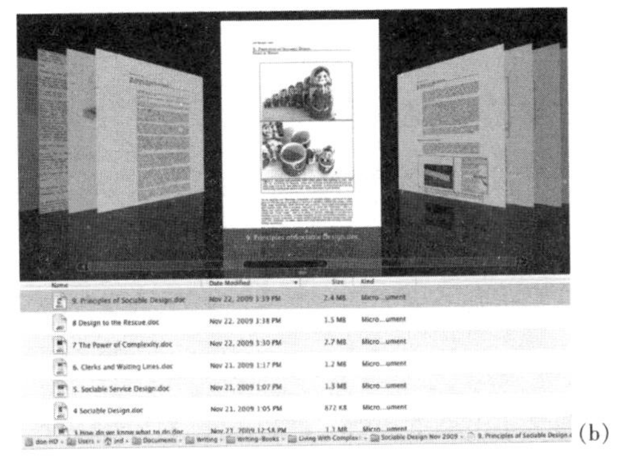

(b)

图2.2
概念模型：（a）和（b）显示了两种略有不同的电脑文件结构的概念模型。（a）显示的是微软操作系统中描绘出的文件结构：文件夹结构显示在左栏，文件的图像则显示在右侧的窗口中。（b）显示了苹果电脑系统描绘的一个非常类似的文件结构：文件夹结构显示在屏幕下方，文件的图像则显示在屏幕上方。两种虚拟模式都工作得很好，在存储的信息中导航都比较简便。

在意大利都灵，这座被称为“世界设计之都”的城市，我去参观了一个为期一年的展览，部分是为了看展览，部分是为了一个有布鲁斯·斯特灵（Bruce Sterling）参加的座谈会，他是个科幻小说作者，是怂恿我去看这个展览的人，也是这个展览的客座馆长。在座谈会开始前，我沿着大厅逛了逛，看了一下展出的作品。斯特灵发现了我，他要我一定看看克里斯·萨格鲁的展品。“为什么？”我问道。我早就路过了那个展品：一台电脑上显示着移动的生物，每个看起来都像是在生物课上从显微镜里看到的单细胞生命体，它们在屏幕上一小组一小组地蠕动着。

看着不错，但没什么新鲜的。斯特灵像往常一样非常有说服力（他是个辩论方面的可怕对手），他说服了我，把我拽到展品前，抓起我的手臂伸到屏幕前面，那些小生物移出了屏幕跑到我手上，还有我胳膊上，啊？克里斯·萨格鲁在扰乱我们的大脑，或者更准确地说，是扰乱了我们的概念模型。当我们看到电脑屏幕上的东西时，我们知道它们只是被电脑显示在那儿的，就像我们所知道的，那些在电视屏幕里的图像不会进入我们的起居室一样，我们知道那些在显示屏上爬行的生物图像不会蠕动到我们的胳膊上，然而它们就这样做了。斯特灵是对的：这是个不同寻常的概念艺术品。

我花了些时间来观察其他参观者与这个展品的互动，有的人尝试从胳膊上拂掉那些生物，有的人试着去诱导那些生命体爬满他们的身体。

没有人注意到这是摄像机和投影仪造成的幻象，一个电脑程序用摄像头捕捉到的图像来定位人的手臂和身体，然后决定图像在何时以何种方式从电脑显示器上移动到投影图像中。从参观者的角度来看，那些生物爬出了屏幕跑到了他们的手臂上，每个人头脑里都会觉得诡异；从电脑的角度来看，这只是个简单的双屏幕显示。就在我写这段文字时，我就在用一台有两个显示器的电脑，我能在一个显示器上写作，而在另一个显示器上显示我的笔记，在需要的时候可以把资料在两个显示器之间拖来拖去。在克里斯·萨格鲁的作品中，第一个显示器就是竖在那儿的显示屏，另一个显示器则由水平放置在参观者手臂上方的投影仪投射下来。请参考图2.1。

概念模型

概念模型是隐含在人关于事物如何运作的信仰结构中的。当你看到电脑里的文件结构时，比如把一个文件从一个文件夹移动到另一个时，你就正在使用由软件设计师精心放入你头脑中的概念模型。文件和文件夹都是虚拟的，在电脑里是没有真实的文件和文件夹的，这些资料都被存放在电脑的永久性存储系统中，用对系统来说方便的方式。许多文件都不是单独存储在某一个地方的，准确地说，它们被分割成片段，每个片段被放在任何有存储空间的地方，但它们都有特定的指示器加入到文件目录里，这样，当读取到某一个片段的末端的时候，指示器就会告诉电脑到哪里去找下一个片段。在这个实例里，存储技术中隐藏的复杂情况被替换成了概念上简单的形式，把文件放入文件夹中，然后管理文件夹。图2.2显示了概念模型简化了我们对电脑文件的理解。

类似的虚拟也简化了其他电脑操作上的复杂情况。比如说，当你从你的电脑上删除了什么文件，它并不是真的被消除了，这也是个简化的虚拟，是隐藏在电脑存储中精巧的概念模型中的一部分。事实上，有关文件信息起始片段的指示器被消除了，这意味着在普通的情况下，电脑会装作那个文件不在那儿了。这就如同在图书馆里用清除目录中相关条目的方式来“删除”一本书一样，如果它不在目录中，即使那本书就在书架上，普通的用户也是无法找到它的，它就如同不存在一样。还有另一种方法，一本书可以用归错文档的方法来“删除”，把它移到一个不相称的书架中去，它还是在目录中，但是目录的相关条目没有指向它的新位置。电脑专家知道如果忽略掉目录和指示器，去仔细地检查在电脑存储器中的每个信息，那么被“删除”的文件就能够被恢复。这就如同你要找一本丢失的书，可以去图书馆里系统地检查所有的书架，直到找到它为止。在物质世界里，去详查几千甚至上百万本书是不切实际的，所以图书馆把归错档的书视同永久丢失。在电子世界里，即使数万亿的数据项也是可以被详查的，这意味着即便有人故意删除了某个数据项，它也依然在那儿，依然可以被恢复。

概念模型存在于人们的头脑中，这也是为什么它也被叫作心理模型。概念模型帮助我们把复杂的自然现象转化成可用的、可理解的心理模型。图2.3中的水循环图解示意就是个很好的例子，显示了概念模型如何简化了我们对本来很复杂的自然现象的理解。概念模型是用来组织和理解那些本来很复杂的事物的非常重要的工具，它们让我们理解事物，了解事物是如何运作的，并搞明白在错误发生时该做什么。但是，就像我们能够在不太了解规则的情况下看体育比赛一样，我们能够在不理解它们的前提下操作很多设备，也就是在没有很好的概念模型的情况下。我们遵循简单的入门介绍，模仿他人的做法，或者牢记一套操作动作来做到这一点。当某些奇怪的情况发生时，不管是因为想要做什么新操作还是什么部分运转错误，我们都因此而陷入困境：没有一个相关的概念模型，我们就缺少了指导。当这种情况发生时，我们就会抱怨：为什么这个非得弄得这么令人困惑？

设计师的工作是为人们提供适当的概念模型。电脑中的文件结构是一个把概念做得很出色的例子。当我们能够看到各个组件的运作时，我们就能够建立起很好的概念模型，因此，我们建立起了相当不错的机械产品的概念模型。当我们面对电子世界这种什么都不可见的环境时，我们就受制于设计师，他们提供给我们关于真实情况的提示和线索。而当我们面对全部由人来构成的服务业，我们经常被神秘的官僚体制的规则和条例搞得不知所措，更不必说那些隐藏在幕后的、控制着和我们打交道的人被允许知道什么和说什么的神秘人物。

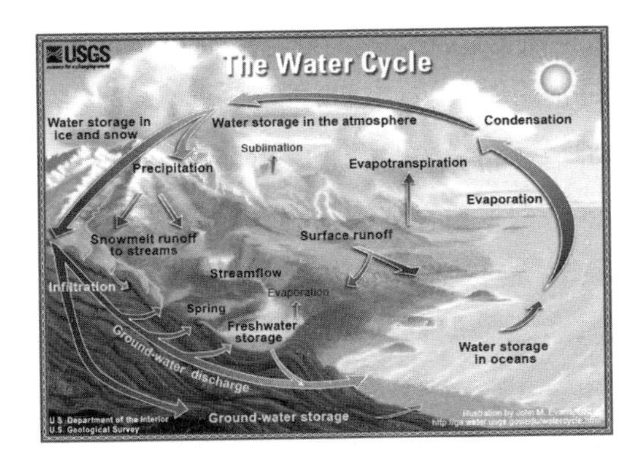

图2.3
水循环的概念模型。图解显示了一个有关水通过蒸发、蒸腾和升华的方式进入大气，然后通过降水而返回的概念模型。这个图解，就像大多数的概念模型一样，是个尽管总体上简单，但却很有用的教学模型。
图解作者：约翰·M·埃文斯（John M. Evans），美国地质调查局。

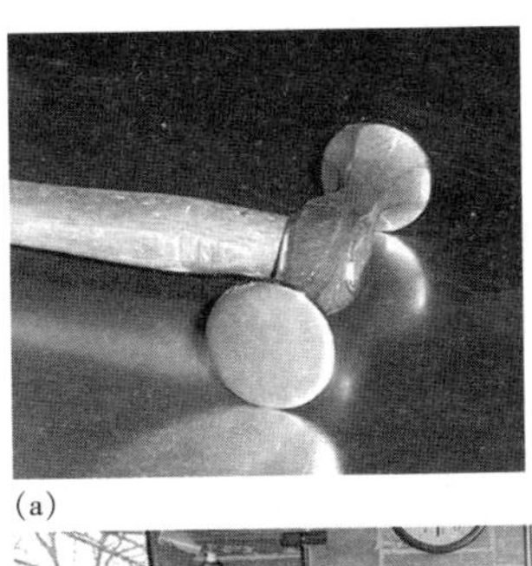
(a)

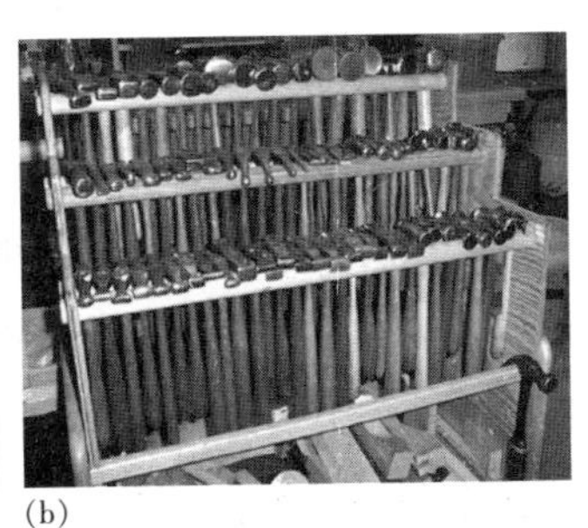
(b)

(c)

图2.4 杰弗里·赫尔曼（Jeffrey Herman）的银匠工作台和工具。(a) 显示了他的打平锤，(b) 是他收集的锤子，(c) 是他的工作台。没错，打平锤简单而且精美，然而，当它融入所有这些银匠要使用的工具中时，你怎么知道什么时候该用它？
图片由杰弗里·赫尔曼——美国银匠协会会长提供。（网址：http://www.hermansilver.com）

我们人类总是在找寻解释，总是设法去理解发生了什么。这些解释来自我们的概念模型，有时是在我们尝试去理解我们的经历时新建立的。它们适用于我们对其他人如何反映的见解，适用于我们给其他人的关于我们自身行为的解释，更适用于我们在与产品的互动以及面对服务时的感受。那些不明身份的官僚机构能够毁掉一整天，然而，与和蔼可亲的商人、销售和客服代表的友好互动可以弥补它。

概念模型几乎适用于我们生活中所做的每件事。对越复杂的活动而言，概念模型就越重要。每当一个系统被很好地理解后，普通人就能出色地驾驭它。大家一致认为，驾驶是个困难、复杂的活动，在现代汽车中，许多技术对普通驾驶员来说都是完全无法理解的，越来越多的汽车的操作是由遍布全车的电脑芯片来控制的，它们联成网络，对多重传感器做出反应，并控制着很多制动器和功能。我们能够非常成功地驾驶是因为它的概念模型是很容易理解的。还要注意的是，驾驶并不是个自动的活动：大多数驾驶员是由私人教练来教授的，加上课堂学习、书本、视频和测试。尽管驾驶是个复杂的活动，需要控制快速移动的车辆的技巧、一大堆文化规范和法律要求，经常伴随着和他人交谈、听音乐等类似的事情进行，但它是能够被掌握的。

是什么使得事物简单或是复杂？不是调节器或控制器的数量，或者有多少功能：而是在人们使用设备时是否有一个很好的关于它如何运作的概念模型。

为什么一切事情不能都像打平锤那样简单

所有问题总有个容易的解决办法——简洁，看上去合理，却往往是错的。

——亨利·路易斯·门肯（H. L. Mencken，1917 年）

我们的生活是很复杂的，产品更为复杂，这是个世界范围的难题。解决方案呢？这很明显也似乎是合理的：让事情变得简单。“为什么产品不能变得更简单？”报纸、杂志和电视节目里的评论家们呼吁道。“我们需要简单！”被手中新东西的所有功能搞得晕头转向的人们呼吁道。他们说的真是这个意思吗？不，每当记者评论简单的产品时，他们都会抱怨那个设备缺少他们认为“关键性”的功能。当人们要求简单的时候，究竟意味着什么呢？他们想要简单到只有一个按钮的操作，但要有所有他们喜爱的功能，这简直就是不可能的。

在我发表第一份关于简单的文章时，其实我也对自己的理论存在怀疑。毕竟，是我自己谴责了被我称之为“需求蠕变”的传染病，即那种每个产品的新版本都会增加越来越多功能的趋势。每个新竞争者都感到不得不去迎合这种趋势，增加更多的功能来让自己能够宣传新的竞争优势。随着时间的流逝，产品就变得越来越复杂。需求蠕变是个致命的弊病，很难避免，没有什么已知的疫苗，也没有已知的能够防止复发的对策。那为什么我突然间开始驳斥简单了呢？

一个客户跟我讲到了打平锤，一种银匠使用的工具。“给我讲讲银匠的打平锤里附加的复杂性，”他说道，“我再给你看一个未售出的打平锤，就像许多手持工具一样。”

初看起来，我的客户似乎是有道理的。手工艺者以工具为生，他们拥有简单的、精心设计的工具。而且这不仅是对银匠而言，很多专门性的工作都是如此，木工活儿、铁匠活儿、园艺工作、露营、徒步远足，还有登山。专业木匠的工具往往比那些卖给业余木工爱好者的复杂的多功能工具要简单。为什么那些专业手工艺者的工具总是看起来很简单，而日常消费的产品却都那么令人费解？

请等一下，那些工具很简单吗？让我们回到打平锤，我发现我从没听说过这个工具，为此我查了一下字典：一种专业的锤子，用来使金属表面韧化和平滑。下面是维基词典中说到的相关信息：

> 当一片金属被凹面工艺或凸面工艺粗加工出来时，表面会有不规则的凸凹变形。为了去掉这种瑕疵，要把金属片放到一个特殊制作的打平墩上，使用平整的或是有轻微弧度的锤子来捶打。经过连续的、相对轻柔的捶打，金属片会沿着打平墩的曲面而变平滑……由于打平锤通常接触的是金属片的外表面，所以它们都有圆润的边缘，并被打磨光滑，以防止损坏金属片表面。

嗯，这听起来并不简单。锤子是简单的，但用法实在很高级：我会用“很神秘”来形容。事实上，是有一本书用来解释如何使用那种锤子：这对我而言一点儿也不简单。打平锤外表上简单得就像独轮车、冲浪板或是滑雪板一样，这些都是非常简单的东西，看一眼就能理解，但却需要几年的练习才能掌握。把这些东西归为简单是种误导。

来看一个所有人都认为复杂的工具：一个用于照片编辑的电脑应用程序。专业级的软件拥有大量的菜单项目，很多都标记着奇特的专业名称，里面包含有很多画笔、钢笔和图层工具，还有一大堆可能用到的工具和操作，以致在书店里有很大一片区域放着解释如何使用这个软件的专业书籍。甚至学校里都有为期一年的课程来教授这种照片编辑。这就是复杂的、令人费解的，而且对新手而言，是令人困惑的。

现在回到那个简单的用来打平的工具。把银匠的打平锤图 2.4（a）的简单程度来和用户面对照片编辑工具的选项时的复杂程度做对比，是公平的吗？不，这不太公平。我们需要把编辑软件去和熟练银匠的拥挤的工作台做对比：图 2.4（c）。此外，银匠有大量的锤子可供选择：见图 2.4（b）。如此看来，打平锤并不是那么简单：银匠所面对的选择的复杂程度甚至比面对照片编辑软件的选项时更令人生畏。我们需要把经过多年训练、技巧熟练的照片编辑师和有多年经验的熟练银匠放在一起比较，而打平锤则要跟照片编辑软件里的某一个菜单选项相比较。

在照片编辑软件中，那些给定的菜单选项都相当的简单：诀窍是要知道选择哪一个，然后需要灵巧的手眼配合和精确编辑照片的方式。但是这跟银匠不是一样的吗？一个新手银匠会迷失在大堆的工具中。当我们对照熟练的手工艺者从复杂的大堆工具中根据他们的任务来选择时，我们看到了真正的复杂不是存在于工具中，而是存在于任务中。熟练的手工艺者拥有一大批工具，每一件都准确地对应一项特定的任务需求。他们需要很长时间去学习哪个工具对应哪个任务，更需要多年的时间来掌握工具的使用。因此，即使我知道了打平锤是做什么用的，我敢肯定我用起它来更像是把东西搞坏，而不是把东西变好。对我这个不懂银匠工艺的人来说，图 2.4 是令我费解和迷惑的，而对一个娴熟的银匠而言，它们也许就是熟悉和简单的。

最简单的方法就是让银匠仅用一个锤子去完成所有的事。在很多实例中，生活变得简单是由于拥有了少量复杂的多功能工具，而不是大量有特殊用途的工具。如果我去旅行，我更喜欢带一个瑞士军刀，但我从不会在家里使用它，我家里有各种各样的专门的刀具、剪刀和螺丝刀。

事物是否复杂是存在于旁观者脑海中的印象。我的文字处理程序（微软 Word），即使它经常失去控制，可以作为复杂的极端例子，但它还是简化了我的生活。要找到“打平”这个词的解释，我只要用鼠标指向那个词，右键点击，选择“查询”，然后解释就呈现了出来。选项很流畅地被右键点击调出的菜单所控制着：可选择的操作呈现在我面前。菜单本身有着隐藏的复杂，它有着关联性敏感：当我点击右键时跳出什么样的菜单，取决于我当时在执行什么任务。这恰好阐明了那个需要简单化的悖论：要使我们的生活更轻松，我们需要更强大、更复杂的工具。

复杂是能够被驯服的，但这需要相当大的努力才能做好。减少按钮和显示的数量并不是个解决方案。真正的解决办法是理解整个系统，把它设计成可以让所有的部分很好地结合在一起的方式，这样就能使最初的学习和使用都达到最理想的状态。几年前，拉里·特斯勒（Larry Tesler），后来苹果公司的副总裁，认为系统的复杂性的总量是一个恒量：当你使人的互动行为更简单，那么隐藏在幕后的复杂性就增加了。

特斯勒说道，把系统的一部分变得简单，那么剩下的部分就会变得更加复杂。这个原理就是今天所谓的“特斯勒的复杂守恒定律”。特斯勒形容这是一个平衡关系：使用户用起来更容易，意味着增加设计师或工程师的难度。

> 每个应用程序都有固有的不可简化的复杂性。唯一的问题是，谁必须去处理它，是用户还是开发人员（程序员或工程师）？（特斯勒和塞弗，2007年）

在使用层面上的简化总是导致潜在的技术构造的复杂性增加。想一下在汽车上的自动变速装置，一种机械齿轮、液压油、电子控件和传感器的复杂混合。驾驶者面对的少量的复杂状态，是伴随着隐藏在机械装置方面的更大的复杂性。简单总是必须从某一个角度来衡量。表面上简单的东西内部可能是极为复杂的；内在的简单则会导致表面上的极度复杂。所以该从哪个角度来衡量简单？

为什么按键太少会导致操作的困难

仅有几个按钮的电视机遥控器可能看起来比一个有100个按钮的要简单，但如果它需要变化无常的按键操作顺序来达到所需的结果，那就不那么简单了。看起来复杂的设备每个功能都有一个对应的按键，所以新手通过寻找适当的标签来按动相应的按钮就可以使用。很多设计师将简单等同于简单的外貌，但看起来简单的用起来却并不都是简单的。

感觉简单的并不等于用起来简单或是操作上的简单。感觉上的简单性随着可见的控制和显示数目的增加而减少，增加可见的选项就会降低感觉上的简单性。难题是，通过添加更多控制部分和显示可以大大改善操作上的简单性。因此，使事物更容易学习和使用的同时也会使它在感觉上变得更困难：这个悖论是对设计师的一项挑战。

简单是一种与理解紧密配合的心理状态。当某件东西的运转、可选项和外观与人们的概念模型相匹配，它就会被认为是简单的。结果，当一切可能的动作都有一个专用的操控装置时，操作的简单性能就会被优化，即使这将添加操控装置的数目，从而使感觉上更复杂。有了特定的操控装置，就很容易了解每个装置的作用。由于设计的原因而很难知道发生了什么，或当操控装置根据不同情况有多个含义时，简单性能就会降低。

在图形用户界面的早期时代，针对要在鼠标上放几个按键有很多争论。苹果决定应该以感觉上的简单为主，因此他们使用了单个按键。我曾经试着搞清苹果为什么选择了一个按键，做出该决策的人告诉我这是为了电脑的入门级用户设计的，有多个按键在鼠标上对他们来说是令人困惑的："当我们使用了两个按键时，人们可能永远不会记得哪个是哪个，有三个的话就会更糟。"但那些早期的研究还表明，有经验的用户总是偏爱多个按键。苹果决定他们应该迎合缺乏经验的用户，所以就采用了单个按键的鼠标作为他们的标准。

苹果是正确的吗？我怀疑在那个特定的时期他们的决定是否明智。若要搞清楚这个问题，你要知道当时的人们从未体验过使用鼠标的电脑。在此之前，有两个品牌尝试向公众销售用鼠标驱动的电脑，结果都失败了［"施乐明星"（Xerox Star）和"苹果莉萨"（Apple Lisa）］，因此苹果就非常谨慎小心。实际情况是单个按键并不够，苹果一直有第二个按键，但它根本不在鼠标上：它是键盘上的"苹果"键，许多鼠标操作需要使用这个苹果键。

哪一个更简单：两个按键的鼠标，左键和右键；还是一个按键的鼠标，另一个在键盘上？令人惊讶的是，在可用性方面，我相信鼠标和键盘上的按键组合比鼠标上的左右按键更容易。为什么？心理学研究表明左右混淆是非常普遍的。人们分辨上和下之间的差异是很容易的，但左和右的分辨对儿童来说有很大的困难，甚至一直影响到很多人成年以后。

在人类错误的编年史上，左右混淆频繁地出现，而上下的混淆几乎从来没有过。将其中一个按键移动到键盘上让它有了一个独特的位置，使它几乎不可能与鼠标上的按键混淆。这意味着拥有分开的独立位置的话，学习起来会更容易，即使其可用性会受到一定的限制。如果经过充分的练习，人们可以学会左右的区别并操作得很好。但在鼠标驱动电脑的早期时代，使初级用户尽快适应产品是至关重要的。

当我在苹果工作时，我试图让他们转换到双键鼠标。我的建议是，在那时候每个人对鼠标的使用都很熟悉，所以早期的反对意见将不再适用。微软已经通过使用右键提供关联性信息来证明了双键鼠标的好处：提供菜单和帮助。而当时使用单个按键是苹果的重要品牌符号，所以我试图改变的努力无济于事。但是如今，苹果已经使用了多键鼠标。

单键鼠标比多键鼠标简单吗？再一次强调，这都取决于我们站在什么角度看待这个问题。

对复杂的误解

> 在其他条件都相同的情况下，首选的就是最简单的解决方案。
>
> ——奥卡姆的威廉（William of Ockham），14世纪
>
> 事物应构造得尽量简单明了，但不能过分简单。
>
> ——艾伯特·爱因斯坦（Albert Einstein），20世纪

简单本身不一定是良性的。在科学方面关于复杂性的最著名的两句描述是奥卡姆的剃刀定律和爱因斯坦的名言。这两句名言都是简单化的真实表达。奥卡姆的剃刀定律来自奥卡姆的威廉的记述，他在 14 世纪时提出“所有其他事情平等，最简单的解决方案最可取”（原文是“实体不应该有不必要的烦琐”）。20 世纪著名的物理学家爱因斯坦曾经表示“事物应尽力构造得简单明了，但不能过分简单”。当然他实际上说的是类似于“所有科学的宏伟目标……是通过尽可能少的假设或公理的逻辑推理来涵盖尽可能多的实际情况”。

通常，这些都被解读成同一种方式：越简单越好。而奥卡姆所说的“在其他条件都相同的情况下”则被忽略了，对爱因斯坦而言，关键的短语是“但不能过分简单”。许多追求简单化的人都忘记了这两个限制条件。

奥卡姆的剃刀定律适用于在两个科学理论之间作选择的情况，每个理论都能确切地解释某种相同的现象，但其中一个比另一个更复杂（就是说，它包含更多的条件或有更复杂的公式）。事实上，这种情况是很少存在的：两种相互竞争的理论即使是有很大的重叠性，也几乎总是涉及不同的现象。在爱因斯坦的名言中，也有同样的问题出现在“尽量简单明了”这个短语中。一个简单的、只解释了少量问题的理论和一个较复杂的、解释了很多问题的理论，哪一个更好？

简单并不意味着更少的功能

复杂是在我们生活的世界中不可避免的部分，但复杂不应该变成令人困惑和费解。通过适当的设计，复杂是可以被驯服的。为什么非得要简单呢？它是对生活中混淆和复杂状态的诚实的反应；然而，虽然意图是值得称赞的，所提出的解决方案却是错误的。

每个人都希望简单，但这种要求没有抓住要领。简单不是目标，我们不想放弃我们科技的力量和灵活性。我的单按钮车库门可能是简单的，但它几乎没法做任何其他的事情。如果我的手机只有一个按钮，那它当然是简单的，但我所能做的一切就只是将它打开或关闭：我就不能用它打电话了。因为钢琴有 88 个键和 3 个脚踏板所以就太复杂吗？肯定没有哪首乐曲会使用到所有这些键，所以我们应简化它吗？对简单化的呼声没有抓住要领。

如果我们观察商店里的潜在客户，我们就会看到简单并不会获胜：人们实际上想要的是功能。这如何能符合他们所声称的对简单的偏爱呢？矛盾是很容易理解的，人们希望他们的设备很强大，能够满足他们所有的需求，同时，他们想让它们更易于使用。其结果是，即使人们买的设备有额外的功能，他们依然渴望简单。功能与简单相比较：这两件事真的存在严重的冲突吗？

这里有一个隐含的假设在起作用：

更多的功能→增加性能

更加简单→增加可用性

这两条观点可以解释成简单的逻辑：每个人都想要更多的性能，因此他们希望更多的功能；每个人都想要简便性，因此他们都希望简单。

唉，这种简单的逻辑是错误的逻辑，因为它遵循了反向含义。假如我说：

一个晴天→不会下雨

这意味着如果不下雨就是晴天吗？当然不是。箭头是从左到右的：这里没有提及从右到左的方向。所以额外的性能不一定需要更多的功能，同样，可用性也不一定需要简单。我推断关于功能和简单的整个争论都是误导。人们会非常想要更多的性能和更简便，但我们不应把这些需求等同于更多的功能和更简单。人们想要的是可用的设备，也可以解释成可以理解的设备。以人为本的设计的全部意义是驯服复杂，把那些看起来令人困惑的工具转变成一个可以适应任务的、可以理解的、可用的、令人愉快的设备。

为什么通常对简单和复杂的权衡是错误的

有些人听说我在写关于复杂的文章，就建议说关于简单和复杂的权衡观点简直是众所周知的。不对，那种权衡观点是错误的，因为它是基于一个错误的假设。就如我已经解释过的，简单并不是复杂的对立面：复杂是世界的真实状态，然而简单则是存在于脑海中的。那种权衡观点假设了两件事：首先，简单就是目的；其次，人们必须放弃一些东西来获得所想要的简单。

之所以那个权衡观点是错误的，是因为设计真正的目标是可被理解和使用，当然还有具备必需的功能。权衡观点假设了一个被称为“零和博弈”（zero-sum game）的观点：要更加简单化，就必须解决复杂的问题。但问题是那些在理解上被认为是必需的复杂是不需要解决的。设计面对的挑战是去管理复杂使之不再令人困惑。

人们都喜欢功能多一些

每当我访问一个新的国家时，我喜欢的一个消遣就是去参观当地居民生活和购物要去的商店和市场。有什么好方法去了解当地文化吗？食物的差异、衣着的差异，在以前，电器用具也是不同的，不论是厨房用品、园艺用具还是购物用具。

在我头几次去韩国的旅行中，我让当地的接待人员带我去了城市里的购物市场，尤其是他们的百货商店。在百货商店里我找到了传统的“白色家电”——电冰箱和洗衣机。商店里很显眼地摆放着韩国公司 LG 和三星的产品，但也有通用电气、博朗和飞利浦的产品。韩国的产品似乎比非韩国的产品更复杂，即使是在基本相同的规格和价格上。“这是为什么？”我问做我向导的两个学设计的学生。“因为韩国人喜欢看起来复杂的东西，”他们回答道，“这是一个象征：复杂显示出身份地位。”

我在美国和欧洲也发现了同样的现象，即使在主人很少做饭的厨房中，也有昂贵的不锈钢炉灶。还有昂贵的洗衣机，尽管它们的主人很抱歉地承认他们并不清楚各种设置。

电器在复杂中不断增加，特别是那些曾经是非常简单的电器，比如烤面包机、冰箱，还有咖啡壶，都有了多个控制旋钮、多个液晶显示屏和数不清的选项。

以前，烤面包机有一个旋钮来控制烘烤的程度——那就是全部了。一个简单的杠杆把面包降低并使机器开始运转，烤面包机也并不贵。但是在当今的商店里，烤面包机是很贵的，经常装饰着著名设计师或者设计公司的名字，并且炫耀着复杂的控制部分。用电动机来降低未烤的面包，然后在它烤好以后把它升起来，还有那带有神秘的图标、图形和数字的液晶显示屏幕。这样简单吗？

来看一下现代汽车，一样很复杂。我的年纪比较大，还记得最初的方向盘只是为了转向，后视镜只是一面镜子。而如今，方向盘是个复杂的控制装置，拥有多个按钮和控制器，包括音乐和电话音量控制，许多控制杆来控制转向灯、巡航控制器、前车灯和雨刷器。后视镜现在也有多重控制器和显示屏。

为什么当一个简单的、低成本的烤面包机就很好用的时候，人们会去买昂贵的、复杂的烤面包机呢？为什么在方向盘和后视镜上需要那么多按钮和控制器？因为这些都是人们认为他们想要的功能。这些东西在销售时造成了影响，也就是这些功能发挥最大作用的时候。我们为什么故意制造一些让人们使用它们时会感到迷惑的东西？答案是：因为人们想要功能，因为那个所谓的对简单的需求是个神话，如果它曾经存在过的话，那它就已经过时了。

把东西做简单，人们就不会买。如果有选择的话，他们会选那些能做更多事情的东西。功能胜于简单，即使在人们认识到功能意味着复杂的时候也是如此。我敢打赌，你也会这样做的。你有没有过这种经历——把两个产品放在一起，一个一个功能地比较，然后选择功能更多的那个？

真丢人啊！你表现得就像个普通人。复杂的、昂贵的烤面包机又怎么样呢？它很畅销。真正让我感到迷惑的是，当一个制造商搞清楚了如何把某种神秘的操作变成自动化时，我期待由此产生的设备会更加简单，结果却不是。下面是一个实例：西门子开发了一台洗衣机，引用其网站的说法，“配备了智能传感器，能够识别在洗衣筒里有多少衣物，是些什么类型的纺织品混在一起，以及是重度还是轻度污浊。使用者只需要在两个程序中选择一个：难洗和有色衣物的洗涤方式，或是易于清洁的衣物的洗涤方式。机器会处理其他所有的事”。

好啊，现在整个洗衣过程都是自动的了，所以只需要两个控制器：一个用来选择“难洗和有色衣物”和“易于清洁的衣物”，另一个用来启动机器。不是的，这个洗衣机甚至比非全自动洗衣机还拥有更多的控制器和按钮。我问一个在西门子工作的朋友：“在你们能够让这台机器只有一个或两个控制器的情况下，为什么反而设置了更多的控制器?”

“你是那种想要放弃控制装置，觉得‘少即是好’的人吗?”我的朋友问道，“你想被掌控吗?”这真是奇怪的回答。如果自动化不能够被信任，那为什么要开发自动化？而且实际上，我就是那种认为“少即是好”的奇怪的人之一。看来市场占了上风，我猜想市场是对的。你愿意花更多的钱买一台控制器更少的洗衣机吗？在理论上也许会，但在商店里大概就不会了。

市场定律——理所应当的，一个忽略了市场的公司很快会被淘汰出局。市场专家了解这种购买决定，即使购买者意识到他们将永远不会使用大部分的功能时也是如此。

注意这段话："为一台控制器更少的洗衣机付更多的钱。"这段文字材料的一个早期版本发表在《交互》（*Interactions*）杂志上，这是一本给人机交互领域的专业人士看的杂志。编辑误解了这句话，"你的意思是'花更少的钱'吗?"她问道。她的问题恰好验证了我的观点，如果一个公司花了更多的钱来设计和制造一个工作得很好、自动化到只需要一个电源开关的设备，人们会拒绝接受它。"为什么简单的那个反而比更强大、复杂的那个更贵呢?"他们会抱怨。"那公司到底在想什么？我要买既带有所有这些额外的功能，又便宜的那个——毕竟，这个比较好，对不对？而且我还会省些钱。"是的，我们想要简单，但我们不想放弃那些很酷的功能中的任何一个。

什么是我们的生活中最复杂的东西？人类。人体——尤其是人类的大脑——复杂得难以置信。大脑在断断续续中进化，留下过去的遗迹，反复把旧资料应用于全新的目的。我经常抱怨"需求蠕变"这一可怕的疾病折磨着现代的数字设备，但当涉及功能时，生物结构获胜了。所有的生物结构都充满了功能和调整。我们花了数年去学习控制自己的身体，花了数年去学习使用即使是最基本的产品，例如铅笔和餐具，无论它们是刀子、叉子还是筷子。我们很快就忘了在童年时我们花费了多少年去学习基本的技能。复杂是无法避免的。

复杂的事物更容易理解，简单的事物反倒令人困惑

图2.5中的街景是复杂的，尽管不是一目了然，但也是容易理解的。图2.6中的照明开关面板并不复杂，但它是非常令人困惑的。简单是不能

图2.5
复杂，但是容易理解。城市是复杂的，尽管不一目了然，但还是容易理解的。这张照片是我在中国香港拍的，但在世界上任何大城市里都能找到相似的或更复杂的场景。

图2.6
这是一个简单的照明开关面板。简单，但令人困惑。谁能记住每一个开关都管什么呢?

解决问题的。

有些文化追求简单整洁的外观。西方的设计师比较喜欢干净的，设计元素之间有大量空间［他们叫作“留白”（White Space）］的风格。相比较而言，东方的设计似乎更拥挤和无序，但这正是他们所喜欢的。亚洲的城市里充满了活力，各种各样的电子广告牌在空中闪烁，街头摊贩叫卖着他们的商品，政治演讲通过装在街角或在繁忙的街道上缓慢行驶的汽车上的高音喇叭冲击着我们的感官。标牌上充斥着信息，每一处空间里都充满了图像。日本以优雅的艺术和园林而闻名，其园林艺术由简单的线条和要素组成：整耙过的沙子、精心放置的石块和修剪过的树。但离开了私人花园和街道的宁静，生活气息扑面而来，带有色彩冲突和动态影像的电子广告牌、软件和网站似乎填满了每一处空间。在许多方面，在亚洲最受欢迎的设计跟西方的设计品位背道而驰。

设计师需要考虑到不同文化在视觉偏好上的不同。简洁的设计有美学上的吸引力，但就像我们所看到的那样，它们也许并不如那些在显示屏上有很多选项，看起来烦琐复杂的设计好用。表面上的复杂程度随着文化和经历而变化。心理学家花了很长时间来研究人们在美学偏好上的特性，一个基本的原则是：人们在复杂程度上有一个偏好范围——太简单的事物就显得无趣和肤浅，太过复杂的事物就会令人困惑和烦恼。人们喜欢中等程度的复杂。此外，这种偏好的程度随着学识和经历而变化。

复杂的事物可以是简单适用的，简单的事物也可以是令人困惑的。我们有时偏好复杂，有时偏好简单。驯服复杂是个心理学任务，不是物理学的。

第三章

简单的东西如何使我们的生活更复杂

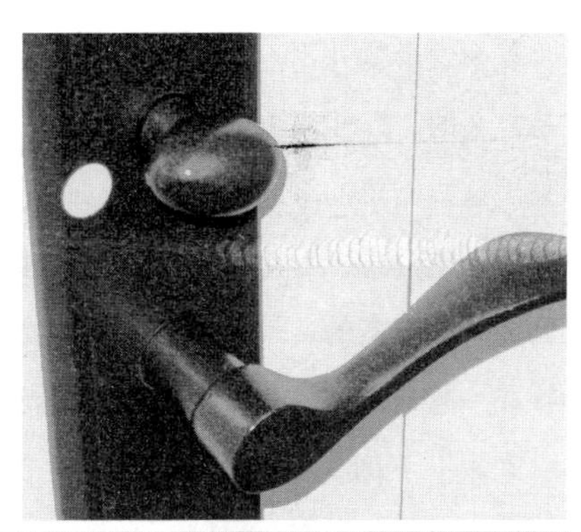

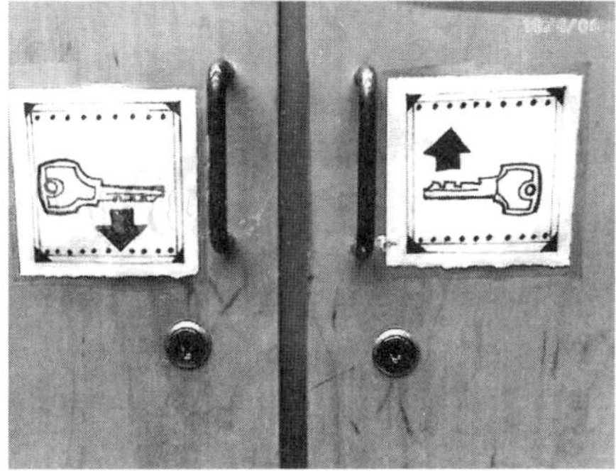

图3.1
一个简单的东西是很简单的。但是许多简单的东西，每个都有不同的作用，就是复杂的了。无论如何这就需要标签了，这是困难的一个标志。任何一个门锁都很简单，其复杂性是由我们每天遇到的很多不同的种类造成的。要记住每扇门应该怎样打开并不容易，因为每扇门都是不同的。我们该怎么办？我们把信息放在门上：文字、圆点、箭头，还有图片。所有这些都用来帮助我们解决开门的问题。

复杂的事物并不一定是令人困惑的。同样，令人困惑的事物也并不一定是复杂的。即使简单的东西也可能导致困惑：门、电灯开关、炉灶。并不是说这些简单的事物难以理解，而是因为这每一个事物看起来都有自己独特的工作方式，因此，当你头一次碰到另外一种新案例时，它会是令人生厌和令人沮丧的。一个简单事物的特定范本：简单。但当有许多简单的事物在一起，每一个都有自己的操作规则时，结果就是复杂。

来看一下图3.1中的锁和钥匙。为什么图中的门锁控制会是复杂的？只是旋转它们来上锁，朝另一个方向旋转它们来解锁就行了。钥匙也是同样的：插入和旋转。有什么是复杂的吗？如果世界上只有一个把手一把锁及一把钥匙，那它们的确用起来很简单。问题是我们每个人都必须面对许多把手和钥匙。就说把手，有一个是朝逆时针方向旋转上锁，另一个却是要朝顺时针方向旋转：我怎么才能记住哪个是哪个？答案是：如果没有一些视觉的指示，我就没法搞清楚。注意，在图3.1中的所有四张照片里，人们都增加了帮助性的指示。任何时候你看到标志或者标签被附加到一个设备上时，这就是一个糟糕设计的标记：一个简单的锁是不需要指示的。退一步说，一个设备不该让使用者被迫去加上某些标志。当一个操作是很多不同的任意操作中的一部分时，即使它是最简单的操作，也会变得令人费解。

日常生活通常是复杂的，但并非由于某个特定的活动是复杂的，而是因为有那么多表面上简单的活动，每一个都有它自己的一套特定的需求。把大量的简单活动合在一起，结果就会是复杂和令人困惑的：整体大于它各部分的总和。

这种一连串的活动和决定听起来大概是琐碎和不重要的，的确如此。但把这些简单的东西和许多其他的简单决定加在一起，发生在一天之中，结果就可能会令人应接不暇。在这把锁里的钥匙该往顺时针方向还是逆时针方向转？我要加油的这辆汽车的油箱在右边还是在左边？遥控上哪个按钮控制声音，哪个控制频道？这些微小的细节创造出了持续不断的潜在压力。

考虑到对密码的频繁需求，大多数人更喜欢容易记住的密码，例如他们的名字、他们配偶的名字或者他们宠物的名字。当安全专家研究人们为自己选择的密码时大为震惊。其中一个最常被使用的密码是简单的单词“password”（密码），当需要加上个数字时就修改成“password1”，其他常见的密码包括“123456”、“jesus”（耶稣），还有“love”（爱）。安全专家感到震惊是因为这些密码对入侵者来说是非常容易猜到或破解的：在一个社交网络里，那些坏人只用了几分钟就获取了许多人的个人资料，这些资料也是常被用作密码的。结果，专家们增加了对密码的要求：它们必须够长，必须包含字母和数字、小写和大写，有时还需要加上其他符号，必须频繁地更换密码，并且不能再使用任何之前用过的密码，不允许使用简单的词语。所有这些要求都是善意和明智的。但他们把选择和记住密码这种简单的任务变成了复杂的活动。而且，因为我们都拥有许多密码，复杂程度因此而被大幅度增加。

当安全专家坚持要求我们都遵守复杂的密码生成规则，并时常要求我们每隔几个月就改变密码时，这样的确给窃贼、罪犯以及恶作剧者造成了困难，同时也使我们记不住自己的密码。注意一下密码的问题和锁的复杂性之间的相似性，如果只有一把锁或一个密码，我们就能从容地应对所有的要求，而当数量级变大后，事情就变复杂了。我设法对安全专家解释这种情况，通常都不会成功。我试着告诉他们强加给我们的用于增加安全性的许多要求实际上减弱了安全性。我所在的大学基本认定我是个疯子，把我忽略了。

人们怎么应付这种情况？他们写下他们的密码，然后粘贴在某个方便查看但隐蔽的地方，例如在键盘下面。实际上，非常多的人把密码贴在他们的电脑屏幕前面。我妻子和我把我们需要在互联网上用的所有不同的密码和安全代码记录在一个特别的电脑文件里：这个文件现在长达19页，而且用的是很小的字体：5000个词的文本文件！我们把文件加了密，这样即使某人获取了访问权限也依然不能打开它，但是这又在我们的记忆空间里增加了一个密码：密码文件的密码。由于有这些问题，有些公司就通过售卖协助处理大量密码的软件而发达了起来。有一些常见的软件设法通过自动填充名字、地址、信用卡信息以及用户名和密码来简化我们的生活。这的确简化了电脑合法用户的生活，但同时也为那些设法侵入电脑的窃贼提供了方便。

许多人通过在不同的活动中使用同一个密码来解决密码太多的问题，这当然违反了所有的安全规则(甚至有很多安全专家承认他们私下里就是这么做的)。许多人通过设定容易记住的密码，不频繁更换，写下它们并贴在容易发现的地方来解决密码的问题：人们把房子钥匙放在擦鞋垫下面，把写有密码的便签放在键盘下面，甚至如图3.2（a）和3.2（b）上那样直接贴在显示器上。因为我们的脑袋里一团糟，所以我们把信息散得到处都是。

把信息直接投入物质世界中

当我们必须记住大量简单琐碎的信息，最终导致即使最简单的任务也变得复杂和困惑时，我们该怎么办？答复很简单：把必要的信息直接投入到物质生活中。当然，这种方法不能帮我们解决密码的问题，因为当我们把密码投入物质生活中时［如图3.2（a）和3.2（b）]，它们就失去保密的目的了。但许多我们必须记住的事物不是保密的：让它们在物质生活中出现对大家都有益。

看看在图3.3中停放在跑道上的飞机。飞机是如何知道该停在哪里就可以恰好对齐跑道的？是由在地面绘制的标志来显示每种不同类型的飞机

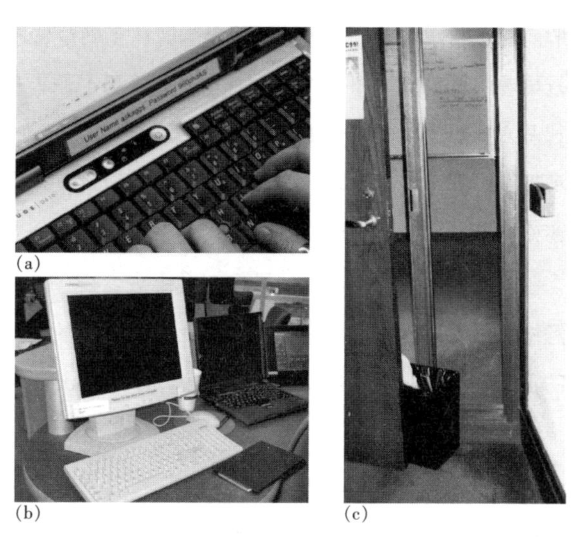

图3.2

对付密码的问题。我们写下它们并把它们放到我们能找到的地方。在照片（a）里，贴在键盘上面和屏幕下面之间的纸条上写着“用户名askaggs，密码960chdAS”。在照片（b）里，贴在屏幕上的纸条上写着“密码是CHAIR（椅子）”（这是在家具制造商那儿照的）。注意在照片（c）里人们用废纸篓撑住安全门，实际上墙上的读卡器是被用来提供安全保障的，仅允许有卡片的人通过，但它妨碍了那些需要经常往返于安全区域内外不同办公室的工作者。越苛刻的安全性要求反而可能带来越不安全的状况。

图3.3

机场用绘制的标记来指出每种设备都该在哪里：用标记指出卡车应该停在哪里，飞机应该停在哪里。如果他们能做到这样，那你也能。

的前轮该停在哪里，以此来保证机舱门在正确位置上：请参照图 3.3。（飞行员看不见位于他们下方的轮子，因此机场工作人员用手势信号来指挥飞行员，当前轮到达了正确的位置时就停下飞机。）所有航空设备公司在装配飞机时都面临同一个问题：他们如何知道该把飞机停在哪里，才能既方便使用又不妨碍道路？是通过绘制好的线条和标记，如图 3.3。这个原则在制造工厂中应用广泛，如果你有机会去参观一家组织完善的工厂，请注意线、标志和物理屏障作为记忆和管理辅助物的使用：有一本书用“视觉的工作场所——视觉的思考方式”（Visual Workplace - Visual Thinking）来描述这类信息的力量。

如果工厂和航空公司能做到这样，那你也能。应对的诀窍是要把它们管理起来：张贴一些小提示、警告、图片，把这些提示——线、标记、即时贴和说明放到需要时就能发现它们的地方。这很大程度上简化了我们必须记住的东西，使我们不需要记住每件事的特定情况。当信息被投入到物质生活中时，它们就不会给我们的头脑添乱，而当你需要它们的时候它们就出现了。

几年前，我的一名研究生，汉克·施特鲁布（Hank Strub，现在是一位经验丰富的专家），告诉了我小圆点胶的作用。他推荐我买一包那种圆形的、五颜六色的、可循环使用的小圆点胶，把它们放到那些你必须要记住一些简单行动的地方。包装上写的是“颜色编码标签”，我则叫它们“小绿点”，忽略了它们的实际颜色。把它们粘在你需要记住的控制器旁边，粘在钥匙需要转动的那个方向上，粘在锁的旁边来提示你哪个方向意味着“锁上了”，哪个意味着“没上锁”。现在我身边总有一包“小绿点”。任何颜色都能用，主要因为它们是明显可见的。它们在我办公室的锁上，在我的音响器材所有的旋钮上，在电插口上——这样我就能记住哪个是由墙上的开关来控制的，还有我的汽车仪表板上——这样我就能记住汽车哪边的汽油加注口是开着的。图 3.1 里显示了一个我的提示应用：锁上的小点表明了把手往哪个方向转是锁门。现在，当我每晚检查门是否锁上时，我只需要简单地一路走过去检查把手是否对齐了那些小点就行了。

然而您的确需要仔细点。有时解决方案会如同最初的问题一样令人迷惑。就拿图3.1的情况举例来说，人们怎么知道那个标记出来的位置是意味着锁上的还是没锁上的？对这个问题基本上有三种解决方案。首先，要学习规则。嗯，这并不是个好方案，除非是只有一个被普遍使用的规则。其次，使用颜色分类法，比如红色代表关闭，而绿色代表打开。但这会导致两个问题：颜色分类的方法是不是大家都知道的，还有色盲——差不多有10%的男性是红绿色盲，而红色和绿色恰好就是普遍用于标记的颜色，如开/关、停止/启动、锁定/开启。最后，我们可以使用“标记”的语言规范，在这种方法里，没有标记的是正常状态——如果有标记则表明是反常状态。因此，所有的小点，不论颜色如何，都意味“锁定”。当然在这种情况下，问题就是要保证人们知道相应的规则并且对于哪个状态是正常状态有一致的观点。（通常，习惯上来说锁的开启和灯的关闭状态是正常状态，因此没有标记，但这并不总是对的。）

颜色分类法也不一定是种简化。通常代表“开”和“关”的颜色分别是“绿色”和“红色”。我们可以通过把红色改成橙红色，绿色改成蓝绿色来克服色盲的问题，但这也很难克服大规模应用中出现的难题，这就是被计算机学家称为“规模化”的难题，一些方法在小规模应用时效果很好，而大规模应用时就会失败。

当有许多不同的指示灯时，要区别红灯和绿灯的意义就变得很难。例如核电站的控制室可能有超过4000个控制器和指示灯，其中一些通常情况下应该是打开的，另一些通常情况下应该是关闭的。在这样一个控制室里，操作员怎么能知道所有的开关是否在它们正确的、正常的状态下？

标志可能是对这个技术问题的解决方案：不断地提供标志，提醒人们设备运转得如何，指示、请求和诱导人们做出恰当的表现和正确的操作，避免出错。我们都认识到了使用标志体现了设计上的不完善。我们不该需要贴标志，在理想的世界里，设计应该足够完美，以至于进行正确的操作是自然而然的事。但在我们这个并不完美的世界里，很多人向不完善的设计表示投降，并设法使用标志来做弥补。

当标志失效时

我们提供的为自己使用的标志会带来很大帮助，但其他人的标志却可能带来困难。一直保持标志是最新状态是很不容易的，如果标志是我们自己提供的就没关系，因为我们知道是否该忽略它们，但如果是其他人提供的标志呢？当我走到一个陌生的地方，我怎么会知道哪些标志是正确的，哪些则是已经失效的？图3.4显示了两个带有混淆标志的区域，都存在潜在的危险。

在图3.4里，已经失效的旧标志还继续留在它们的地盘上。当我问起为什么图3.4里的门有明显的“防火门请保持关闭”的标志，却总是开着的，我得到的回答是不必担心，标志是旧的。在图3.4里显示的两种情况都造成了安全隐患：首先是在着火的时候，出口的标志会给人们一个“可从此处逃离”的假希望，其次是这种情况是在培养人们忽略至关重要的安全标志。对那些平时就在这样的建筑里，并且熟悉各种标志变动的人来说，不恰当的标志也许不会引起什么问题，但是对新来的或不经常来的人来说，那些标志就使一件本来很简单的事变得既复杂又令人困惑。

人们，特别是繁忙的管理员，通常很依赖标志。但标志就像是说明书：几乎没有人去读它们。我喜欢的一个例子是在美国西北大学（Northwestern University）土木工程系的一个会议室里张贴的一套标志（图3.5）。

图3.4

当简单的事变得复杂：失效的标志。左边照片里的门曾经是个出口（“EXIT”的意思是“出口”，“NOT AN EXIT”的意思是“不是出口”），但当情况改变了之后，难道增加一个否定的标志会比去掉原来的出口标志更加容易吗？右边照片里的防火门（下方照片是门上标志的放大图，“FIRE DOOR KEEP CLOSED”的意思是“防火门请保持关闭”）是我在一次参观重要工业设施的过程中遇到的。

“不是出口”的照片由莱恩·泰特（Lain Tait）拍摄提供（http://crackunit.com）。“防火门”的照片由作者拍摄提供。

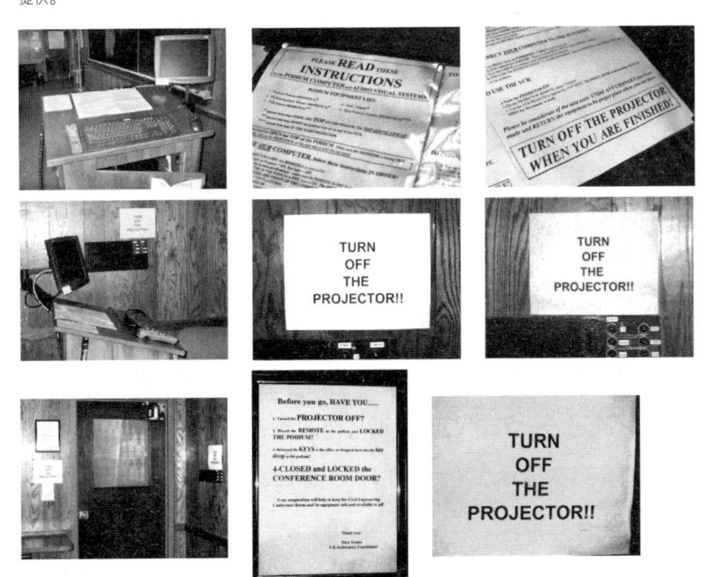

图3.5

警示标志不起作用。注意希望在这间会议室里使用投影仪的人要面对的一连串标志，从入口到出口（照片顺序从左到右，由上至下）。实际上，需要有这么多警示标志来提醒在使用后关闭投影仪，这就证明了这个方法不管用。

考虑一下两方面的观点，一方面是一个系的管理员，想方设法在典型的、杂乱的大学学术环境里保持头脑清醒，不顾来自各个方面对额外资金的请求而努力保持预算平衡。在循环使用方面，频繁地更换所有部门的会议室和教室里的数字投影仪专用灯泡是个很花钱的事情，那些专用灯泡是很昂贵的。为什么它们那么快就烧坏了？教授会忘记在下课以后关闭投影仪，因此即使没人使用投影仪，也会被长期开着：它可能会连续开着好几天，比如在周末期间。

另一方面，来考虑一下繁忙的教授生活。教授进入教室，像往常一样迟到了些，仓促地跑到讲台上去设置今天讲课用的幻灯片，这需要使用钥匙打开被锁起来的电脑鼠标和键盘，或是使用触摸显示器来打开投影仪并设置它，以便让它使用正确的输入设备——在教室里的电脑或是教授自己的笔记本电脑。

注意这里超多的标志：这种设置有着明显的错误。有人提醒忙碌的教授读一下标志，这些标志大多是提醒教授在完成课程时关闭投影仪。这些标志在讲课开始的时候确实起到了一点儿作用，但教授想要打开投影仪：标志只是有关讲课结束时的，因此就暂时被忽略了。不管教授往哪里看，总是有新的标志出现，来提醒教授在结束时关闭投影仪，“当然，当然。”教授嘟囔着。

当讲课结束时，哦，讲课时间太长了，所以大家必须赶快跑到他们的下一个地点。教授抓起笔记和电脑就冲出了门，结果会面对更多的标志“关闭投影仪”，太晚了——教授已经在想其他的事了。

管理员很沮丧，那么多标志不起作用，在部门会议上的公告也不起作用。同时，预算赤字正在增加。

这明显需要一个设计上的解决方案，在这种情况下需要一些自动化设计，许多放映机是这样解决问题的：如果长时间没有输入信号，投影仪会自动关闭。

为什么专家会把简单的事情变得混乱

有时复杂仅仅来源于那些应该经过过滤的大量信息。我们在互联网上搜索信息时都面临着这个问题，搜索行为是简单的，然后就是看一下结果。但当一次简单的搜索产生了太多的结果，而且从视觉上无法分辨出哪个最准确时，该选哪一个？一个简单问题变得复杂了。多数人会简单地选择头几个搜索结果，而且从来不看后面那些，这一点儿也不奇怪。

同样的情况出现在收音机里的路况报道。我只是希望知道某一小段高速公路是否在堵车：这就是一个简单的问题和一个简单的答复。不幸的是，在大城市里，播音员必须试图满足每个人对不同路段类似信息的需求。结果，收音机里的路况报道通常是长达数分钟的迅速不停的报道，播音员不停地报告很多地方的交通状况，使用的地名只有最博学的当地居民才熟悉，还包括描述进出城的交通状况——从经验上来说你很可能会错过对你所关心的那部分的交通状况描述。

最近我的一个朋友，亨利·亚比斯卓（Henri Aebischer），给了我一篇文章，是关于他对英国广播电台（BBC，昵称“Beeb”）在英国广播的天气预报的体会。我很快表示了同情：这是同样的问题。

> 天气预报在令人尊敬的英国广播电台的电视新闻里变得相当复杂且令人困惑，基本上相当无用。除非我非常集中精力地去听主持人在说什么，并且当摄像机“飞行”在巨型倾斜的英国地图上的时候，我没法搞清楚我居住的地方在之后12个小时里究竟是什么天气。
>
> 主要的问题是他们在几分钟时间里通过两种相互矛盾的渠道填入了太多的信息。首先，是所有参与工作的人的意见（英国广播电台似乎雇用了一个军团——在他们的网站里有50个名字），这些人的任务

就是告诉我们在今后5天将是什么天气（超级计算机的强大力量），包括英格兰（东部、米德兰平原、东北部、西北部、南部、西南部、东南部）、北爱尔兰、苏格兰（南部和北部）、威尔士和海峡群岛，并且设法通过华丽的语言和各种各样的手势来避免重复和乏味的感觉。

然后出现一个英国的超级地图，以我所见，是个技术滥用的典型例子。你会看到一张整个国家的倾斜地图，没有地形起伏，地面是褐色的（伦敦的南部天气干旱，但它又不是沙漠）。一些区域是被遮蔽了的（黑褐色），我仍然在设法推测这是什么意思（多云天气?），下雨的地方显示成蓝色，就好像上帝创造了一些湖泊——这就是它看起来的样子。摄像头从图上挪开并迅速放大到特定区域，同时主持人以高速列车般的语速来告诉你英国的这部分区域现在是什么天气（这是唯一明确表达的部分），以及在今天、明天、后天、大后天和第五天都是什么天气。在34秒以后，所有普通的电视观众都不知所措和麻木了。（亨利·亚比斯卓于2009年通过电子邮件发送给作者，经过许可发表在此。）

交通指示、天气预报：这么多的信息挤进了这么短的时间里，这对普通人意味着连想一下的时间几乎都没有。我听过很多个小时的航空交通管制人员对飞行员的指令，以我非专业的听力背景，我听到了关于天气预报和交通咨询方面的提醒。与普通的交通、天气情况播报相比，区别在于空中交通管制员是用一种标准化的技术语言来表达，并使用特殊的信号来指明特定信息的针对性。因此，尽管管制人员会向受监管的几个飞机发出连珠炮似的长篇指令，但每条指令前面都有航班号或其他针对接收者的识别名称。结果是，飞行员并不需要认真听所有的指令：他们仅仅是“一词点动”，只在听到他们的航班号以后才需要细心聆听。一旦他们听到了他们的航班号，他们就可以切换注意力的状态，把听取信息从次要任务切换到首要任务。为了确保信息被很好地接收到，每个飞行员都需要对相关的指令能够确定接收并理解，不仅是信息为了便于监管需要经过很好的组织，飞行员也要在这项任务上受到良好的训练，还要有数千小时甚至数万小时的飞行经验。

但是我们这些人呢？我不用非得成为一位专家才能去理解天气预报或交通状况的更新。提供这一信息的专家们知道得太多了，他们很难理解普通人所面临的问题。

甚至业余爱好也会造成困惑。最近我和我妻子学了"鸟类鉴赏"的课程，我们喜欢在这座城市、森林、山上，特别是海边进行长途徒步旅行，如果能够知道我们见到的鸟是什么种类的话，不是很好吗？因此我们报名参加了关于鸟类的课程。很快，我们就发现自己被淹没在有关鸟类观察者用于区别不同物种的无数细节里。这是一只克氏还是北美，或者黑颈？（我们所关心的其实就是如何区分一只水鸟和一只鸭子。关于这点，鸟类书籍也没什么帮助。）

我试着向我的导师解释我的困惑。"这些书都是把鸟以种类来分类排列的，"我说道，"这就意味着你查找一只鸟前必须要知道这是只什么鸟，有没有那种依照鸟的构造来分类的指导书，比如根据它们的大小、斑纹、行为、颜色之类的？"

她表示了同情，但她的回答是没有帮助的。"经过一段时间对鸟类的学习后，你就没问题了。"她说道。但我的确需要在学习上的帮助！轮廓、野外痕迹、体态、大小、飞行模式和栖息地——这些是专家们声称的关键特征：那为什么书里不是按照这种方式来分类的？在这个特定的实例里，复杂性来自纸质图书的技术限制：装订页的刚性需求使书本只有一个单一的、固定的组织结构。

幸运的是，在当今充满电脑和手持设备的生活中，指导书可以在需要时拥有任意的组织结构形式。鸟可以根据地理位置、颜色或大小来分类，也可以根据它们的叫声、行为来分类。更好的情况是，一个人可以指定几个特征，指导书会据此做出回应，根据这些特征来重新分类。指导书可以通过提供一个标准的鉴定分类列表来帮助读者选择，在读者选择了多方面的分类后，它可以据此提供出一个候选列表，或许还可以问些问题来进一步缩小候选结果范围。更重要的是这些指导书已经存在了：它们改变了我们观察鸟类的方法。

请注意这里的矛盾。现有的鸟类指导书很容易解读，它们有一个固定的、容易理解的组织结构，查找鸟的名字或种类名称，你就能得到所需了解的一切。电子指导书更复杂、更难理解，有些甚至没有一个固定的组织结构。这些指导书就像互联网：没有单纯的组织结构，要查找任何东西都需要搜索：指定已知的特征，指导书就会提供一系列的可能性结果。对初学者来说，即使电子指南很难解读，但它是最容易使用的；而对于专家而言，拥有固定组织结构的指导书会更好用。

通过强制性功能来降低复杂性

来看一下简陋的卫生纸架（图3.6）。连最简单的事物都会有隐藏的复杂性。单轴卫生纸架是司空见惯的，但我得说，它很不方便。当卫生纸用完了之后怎么办？当一个家庭的或公共的设施被共享时，就会引起社会问题。在改造我们的家时，我们决定安装一个双轴卫生纸架，这样一来，每当一卷卫生纸用完，总会有另一卷可以使用。我们购买了如图3.7所示的一组双轴卫生纸架。

我们很快就发现，虽然我们现在有了两个卫生纸卷，但问题还没有解决。这两个纸卷在相同的时间出现，当然，卫生纸卷用完的时间变成了以前的两倍，但我们无法摆脱相同的结果：出现缺少卫生纸时的尴尬。我们发现换成双轴卫生纸架意味着我们不得不使用更复杂的行为：我们需要一

图3.6
传统的卫生纸架。当它用完时你该怎么办?

规则系统——大：总是从最大的纸卷上取纸。
规则系统——小：总是从最小的纸卷上取纸。
规则系统——随机：不用思考，随机选择一个纸卷。

图3.7
双轴卫生纸架。你会从哪一个纸卷上取纸，大的那个还是小的那个?

个选择上的规则。这种行为规则上的系统性应用被计算机科学家称为“规则系统”。

经过一些自我观察和在日益增长的朋友圈子里的讨论，我们发现在公众环境里从两个可见的纸卷中做选择时，有三个不同的规则系统：大、小和随机。

如果我们假设随机规则系统是最自然的，那这将是一个糟糕的选择。如果我们的选择性是真正随机的，我们就会差不多平均地去选择每个纸卷，也就会使两个纸卷在同一时间用完。随机规则系统是不适用的，使用卫生纸需要动些脑筋。

我们很快发现，最自然的规则系统是选择使用更大的纸卷。唉，来考虑一下它的效果吧。假设我们开始使用两个纸卷，A 和 B，A 是大于 B 的。在以大为先的规则系统里，由于 A 是较大的纸卷，所以是从 A 开始取纸，直到其大小变得明显小于另一个纸卷 B，然后，开始从 B 取纸直到它变得小于 A，这时 A 又变成首选的。换言之，两卷纸减少的速度大致相同，这意味着当 A 纸卷用完后不久，B 纸卷也很快就用完了，用户将又一次面对两个空纸卷架。以大为先的规则系统被计算机科学家称为“平衡使用”的规则系统，但这并不是我们在卫生纸使用上所希望的。

其他人是怎么做的呢？我带着这个问题到大街上，问路人在使用图 3.7 中所示的两个纸卷时会选哪一个——大的那个？还是小的那个？大多数人都表示他们会选择大的那一个。以小为先的规则系统是正确的选择。在以小为先的规则系统里，始终从小的那个纸卷上取纸，它就会变得越来越小，直至用完。然后再从另一个纸卷上开始取纸，在换到那卷纸时它还是完全没用过的。

嗯，我们从不会意识到选择纸卷还需要思考。这里的困难是，作为最自然的选择倾向——优先选择较大的纸卷其实推翻了设计的本来目标。

图 3.7 中的双轴卫生纸架说明了这种设计是有害无益的。当两个纸卷

的大小差异较明显时，恰好就会导致很多人的错误行为。在设计中，同样的原则在一种情况下可行，却恰好会在另一种情况下导致错误。这就是一个实例，一个看似简单的设备却有着隐藏的复杂性。

有一个设计方案可以解决这个问题。两个纸卷应该有一系列强制性约束，而不是两个纸架都同样可见：第二个纸卷在第一个纸卷用完之前应该是不能被使用的。我在《设计心理学1：日常的设计》（*The Design of Everyday Things*）书中称之为“强制性功能”。事实上，很多市场上的卫生纸架都应用了适当的强制性功能。经常是新的设计在损失了其他方面的前提下解决了某个问题，但同时导致新的、其他的问题出现。

一些市场上的纸卷架，在下面的纸卷用完时，按下空的卷轴就会放开上面的纸卷。但是，上面的纸卷即使存在，也是藏在牢固的金属外壳背后，是不可见的。那儿有一卷备用卫生纸吗？这并不容易判断。难道这种纸卷架的制造商是期望清洁工必须每天打开所有厕所里的纸卷架外壳来确认是否都有一卷备用卫生纸吗？我对此表示怀疑。所以这种设计反而引发了一大堆的改良性设计。一些设计是有透明的边缘，以使备用纸卷是可见的，即使现在还不能用到；还有些是使备用纸卷可以看见，但被目前正使用的纸卷挡住。

卫生纸卷架说明了几个问题，包括需要进行沟通（通过使备用纸卷可见来判断它是否存在），还有通过设计的力量来约束行为使之是适当的（总是从较小的纸卷取纸直到它完全用完），这是一个强制性功能：正确的行为是唯一的可能性。它们也表明了，连最简单的设计都会有社会意义，甚至卫生纸卷架也属于社会性事物。

人的行为是难以置信的复杂：社会行为更是如此。我们必须按照人们的行为方式来设计，而不是按照我们希望他们应有的行为来设计。在所使用的设备使事情显而易见，提供了温和的指引、语义符号、强制性功能和反馈的时候，人们用起来很顺手。

卫生纸问题的解决方案是一个适当的强制性功能，一种自然而然引发正确行为的约束。一个设计合理的强制性功能的完美特性是，用最少的需求来解决问题或做出决定：人们被温和地指引出恰当的行为。

复杂性是一个无法改变的事实，所以我们必须学会处理它。有时我们必须使用的设备是复杂的，有时是简单的，但使用的环境使它们变得复杂。我们需要应变行为来帮助我们管理生活中的复杂。

把知识投入物质生活中，一个简单的解决方案是添加提示和建议。如果航空公司可以通过画在地上的线条来帮助他们的员工，我们也能为自己做点相同的事。使用任何能起到最好作用的工具：小圆点胶、强制性功能、张贴出来的操作指南，甚至用更强大更有组织性的科技产品（例如鸟类的电子指导书）来替换简单的科技产品（例如普通的书籍）。

在物质生活中使用知识。这同样适用于行为方式：在一个陌生的地方，你怎么知道该如何去做呢？看看周围，遵循别人的示例：做他们所做的事情。在一个陌生的文化和未知的语言环境里，你如何点餐？看看周围其他人都在吃什么，然后点那些你看起来感兴趣的：你要做的就是指出你想要的，使用其他人已经在生活中积累的知识。

生活可能会很复杂，但我们可以学会如何去适应。有时是科技带来了复杂；有时即使是简单的科技，由于它有太多的大小、形状和形态的不同，也会产生复杂。有时，带来复杂的正是一些科技，它们会通过自动化、更好的设计或是动态的组织结构自动在我们需要的时候提供所需要的信息，而这些科技原本是要将我们从复杂中拯救出来的。

第四章

社会性语义符号

图 4.1

人群可以被视为社会性的语义符号。火车已经离开了吗？火车月台上的情况提供了答案。在这里，等待的乘客的存在与否作为一个社会性的语义符号，意味着火车是仍未到达或是已经离开。社会性语义符号不能保证正确，但它们是富于强烈暗示意义的。

图 4.2

哪一个是盐瓶？每个调料瓶都很简单，但是，要知道哪一个里面放的是盐需要实践性和文化性知识的结合。此外，填充调料瓶的人和使用它的人必须达成一致。这就是为什么我们很多人在往食物上撒调料前会先从调料瓶里倒出来一些到我们的手上或盘子里来试一试。

尽管这个世界很复杂，我们大多数人还是做得很成功。我们甚至可以在一些没有预先了解或没有经验的全新状况下应付得很好，部分情况下是通过其他人活动中微妙的线索。人们的行为有附加效果，会留下痕迹使我们可以追溯他们的活动步骤。大部分痕迹都是无意中留下的，但附加效果是重要的社会信号：就是我所说的“社会性语义符号”。社会性语义符号使我们可以在复杂的、潜藏着混乱的环境中找到方向。

“语义符号”多少有些像指示器，使一些在社会中的信号可以被有意义地解读。蓄意性语义符号是有意识地创建和布置好的，附带性语义符号是生活中行为和事件意料之外的副产品，社会性语义符号来源于其他人的行为。设计师使用蓄意放置的语义符号来辅助人们采取适当的使用方式。

在设计的词汇里，语义符号通常被称为“功能可见性”，或更准确地说是“可感知的功能可见性”，这实际上是我的错，是由于在我的《设计心理学》中介绍到这一术语。不幸的是，功能可见性这一术语比标志信号有着更深层的意义：一种功能可见性甚至不需要能够被感知。引入“语义符号”就是为了使设计词汇更为精确。（我在第八章里对此有更充分的讨论。）

假设你正急着赶火车，当你赶到火车站的月台上时，怎么能判断出火车是已经走了还是尚未到达？月台的状态充当了一个语义符号（参见图4.1）。

在图4.1中，两个语义符号并不对等：等待的人群可以算是火车尚未到来的有力证据，而空的月台则暗示火车可能已经离开。当然，如果月台是空的，也可能是火车尚未到达，但没有人想要坐这趟火车。在繁忙的火车站，例如大城市的中心车站，有很多趟火车频繁地到达，因此一个拥挤的月台无法提供关于特定的某趟火车的信息。相反，它表示着每天往返上下班的人们的匆忙状态。甚至在这里，人群的存在与否与期望值的不同依然是有意味的：“为什么这么拥挤？”你也许会对在周末的中午看到一大群人而感到惊讶和奇怪，“发生了什么事?”同样，在本该忙碌的时间段却看不到人也是有意味的，即使并不清楚它到底表示了什么。对语义符号的准确解读取决于其他知识，比如一天中的不同时段（一天中的高峰时段或安静的时段）。

即使语义符号本身只是生活的副产品，它还是表示出了关键性的证据。很多语义符号是蓄意的：有意设计并设置好的具有信息功能的。有些是非蓄意性的附加效果，如阴影是一个人或物体存在于一个光源前面的附加效果，但当我们一看到阴影的时候，我们立即就能推断出该对象的存在。阴影既是附带性的也是自然而然的：它不是被设计或放在某个地方的，而是物质世界的自然结果。

这家餐馆是要你自己找座位还是等待服务员领位?环顾一下四周。如何吃不熟悉的食物或使用不熟悉的餐具?看看别人怎么做。穿越雪地时该走哪条路?跟着脚印走。在密集的人群中难以前行吗?紧随在某个人的后面。要选什么书来读，看哪部电影，选择哪个餐馆?问问其他人都怎么选的，特别是那些跟你自己的口味类似的朋友们。人群、社会、其他人都有很多可供共享的智慧，在回答问题或公布消息时提供的是明确的信息，当其活动造成的影响创造出可以解读的信号时，提供的就是含蓄的信息：雪地上的足迹、一家餐厅里的人群，即使只是损耗过的信息。

模仿别人行动的趋势引发了一个孩子们的恶作剧：站在街道拐角处用手指着天向上看。很快就会有其他人跟你一起向上盯着看，其实什么也没有，但不需要多长时间，就会聚集一群人。为什么会这样?因为他人的行为通常是有信息功能的，会提示我们世界上重要的或有趣的方面。为什么不往别人正在看的地方看呢?我们可能会找到有趣的东西。孩子们的这个恶作剧利用了这种自然而然的行为。

在物质世界里，社会语义符号本身就是物质的，但在电子交互和电子社区组成的虚拟世界里则不是物质的。尽管如此，在虚拟世界中的活动痕迹就如在物质社会中一样强大，大量的网站上的“推荐”系统，社会网络，还有基于定位和主题化的消息系统都证实了这一点。推荐系统利用了人们的活动所留下的痕迹，“喜欢这个的人们，”他们会告诉你，“也很喜欢其他这些东西。”如果你认为这些是类似于你的喜好的，这就使得你能够追随他们的踪迹。在电子媒体中的浏览、阅读和购买的行为，完全就是等同于物质路径一般的虚拟路径，就如同在雪地里的脚印。

生物学家和那些在“人造生命”领域里的人把这种现象叫作“间接通信”（stigmergy）：通常是通过先前活动的踪迹来间接地协同工作——往往是动物留下的足迹，如蚂蚁留下的化学痕迹等。复杂的动物结构如白蚁丘、黄蜂巢、蚁冢、海狸坝和蜜蜂的六角蜂窝在建造时是没有明确的需求和有意识的目标的，取而代之的是，先前活动的踪迹约束和指导着未来的活动，最终结果是：结构和性能复杂的建筑物是通过自组织过程得以完成的，而不需要设定目标或领导人的组织行为。很不错的概念，但它用了个奇怪的词：间接通信。

这些踪迹都是语义符号，主要是无意识和偶然性的，虽然这有可能是进化的力量“故意地”让蚂蚁和其他动物能够留下化学痕迹，甚至使动物进化成能够用前一个活动的踪迹来指导它们建设巢穴。毕竟，每种动物的遗传基因里都被赋予了可以建造它们特殊的、独一无二的建筑物的能力。

在人类行为中，非蓄意性的语义符号可以被设计师所利用。一组研究人员记录道：

> 廉价平装书的装订处的弯曲和裂缝使我们可以以这种方式来找到上次阅读的最后一页。在一个汽车零配件商店，在目录的纵向栏里可以通过污渍、熟悉的裂痕和松散的页面来辨别出最常被翻阅的页面。污渍、裂痕和松散的页面指出了用户最喜欢查阅的信息。把目光从汽车零配件目录转移到门把手，一个生了铜锈的门把手上被抛光了的部

分显示了人们经常抓取的地方。在成堆的食谱卡片中的最佳食谱通常是卷皱和沾有污渍的。[希尔（Hill）等，1992 年，第 6 页]

基于这样的观察结果，他们设计了一个无论人们在哪里停下来阅读或编辑都会留下痕迹的计算机系统：他们称之为“阅读痕迹和编辑痕迹”，这些痕迹模仿读者和编辑者在实体书本上留下的污迹。

文化的复杂性

来观察一下图 4.2 中的盐和胡椒瓶：哪一个瓶子里装的是盐？我在世界各地向人们问这个问题，得到的结果总是一样的：半数的人认为盐是在左边那个瓶子里，半数的人认为它是在右边的瓶子里。当我问他们原因时，双方对自己的答案都有充分的理由，最常见的理由就是孔的数目或大小，“盐在左边那个瓶子里，因为它有更多的孔”，“胡椒在左边那个瓶子里，因为它有更多的孔”。

哪种结论是正确的？这并不重要，重要的是装调料的人的想法。

盐和胡椒瓶说明了复杂性的另一来源：文化。它们似乎是很简单的设备，但它们是社会系统的一部分。一个人把调料填充到调料瓶，其他人使用它们。一个好的设计师会考虑到这些情况，并提供了作为语义符号的线索来引导人们适当地使用。这需要一项特殊的才能：换位思考。设计师必须把自己放在那些使用他们设计出来的产品的用户的位置上，然后提供引导正确的使用方式所需的信息，而且要在不破坏美观、功能及不增加成本的情况下完成。这就是设计的挑战：需要控制好相互关联的各个方面。少数缺少换位思考能力的设计师（有时我觉得大多数都是这样）只专注于设计的一个或两个方面，也许是外观，也许是工程技术的应用，也许是价格。其结果就是设计出像这个盐瓶、现代的电视机或如第一章里所描述的罗兰钢琴等产品。设计师如果认为“每个人都知道哪一个是盐瓶”，这是不可原谅的。要正确使用这些盐和胡椒瓶，需要每个人都有同样的知识背景。它需要社会性同步，而社会性同步在所有的活动中是最难达到的。

关于哪个是盐哪个是胡椒，我问了侍者和餐厅经理有关他们的看法，我得到的总是很权威性的回答，只是不同的餐厅有完全不同的答案。一次，在阿姆斯特丹的一家高级餐厅里，他们告诉我，当盐和胡椒瓶成对放在一起时，盐瓶总是更接近餐厅的大门。我随机地问了几个侍者，对此，他们都表示赞同：很明显他们都受过不错的训练。然后我在餐厅的几个房间里走了一圈来检验这种新的规律，我发现在几个桌子上这个规则并不成立，我很快找到餐厅经理，问他这是怎么回事，“哦，”他说道，然后马上调整了调料瓶的位置，“这些是摆错了。”规则是有用的，除非它们不被遵守。

这个故事有几个寓意，都说明了我们在使用我们的科技方面有这么多困难的原因。首先，要了解我们如何活动，我们必须了解我们如何与他人相互作用。

其次，在现实世界中，有很多事情是未知的或不确定的，很多事情并不受我们的控制，所以最佳策略通常就是“小心行事”，可能的话，先做个实验。因此，大多数人在面对如图 4.2 中的不透明金属盐瓶时，会在他们的手上撒一点，看看出来的是盐还是胡椒。

最后，好的设计可以使整个问题消失。因此，如图 4.3 里所显示的调料瓶，其内容物是可见的，这样就没有任何问题了。

有很多方法可以在这些设备里添加社会交流能力，世界各地各种各样的盐和胡椒瓶都是这样做的。要克服图 4.2 中所显示的困惑，一些流行的方法是把调料瓶做成透明的，使内容物可见［如图 4.3（a)］，或在瓶子上贴标签［如图 4.3（b)］，或把开孔排列成“S”或“P”的形状。这些改良的设计把信息放到了生活中，使操作方法不言自明。现在，这些简单事物的存在或社会性的缺乏并不是生活的重要组成部分。但这些例子可以展

(a)

(b)

图 4.3
在照片（a）里我们看到了一个可以轻松地告诉你哪个里面是盐的设计，你不需要知道其他事情：只要简单地看看就行了。照片（b）显示了美国联合航空公司所使用的盐和胡椒容器，展示了即使是廉价的容器，也可以是既有吸引力又容易理解的。

图 4.4
作为语义符号的旗帜。我常从我位于美国西北大学附近的家中的窗口望出去，通过看这些旗帜来判断天气。如果我看到照片（a）中的场景，我就知道这是个平静温和的日子；如果我看到照片（b）的场景，就是有持续的风从北方吹来，而照片（c）则显示了持续的风从南方吹来。但是，看到照片（d）我该怎么判断呢？就是在街对面的两个旗帜，它们却向相反的方向飘动。也许我应该待在家里——天气会出现阵风和出乎意料的情况。（所有照片都是真实的，旗帜确实就出现了这样的情况。）

示出其中的原则，显示出它们几乎适用于我们接触到的所有物品。无论物品多复杂，带有多精密的机械结构、电子技术和通信技术，都适用于同样的原则。

虽然判断盐在哪个容器中的文化复杂性可以通过对调料瓶做适当的设计来克服，但其中的问题依旧存在：文化上的解读大量隐含在观点之中。这就引出了不必要的复杂性和潜在的困惑、错误和尴尬，除非设计师做出特别的努力，提供标识信息来引导正确的使用方式。

功能性设计——也就是在设计中使我们周围的对象可用并可以理解的那一部分——主要是关于沟通。如果不能正确地沟通的话，最好的情况是你受到挫折，最糟糕的情况是出现事故和灾难。正确的设计可以使对晦涩的知识或体验的需求最小化；但我们生活在一个人类的社会里，所以要舒适地生活在现代世界中，我们必须去理解那些由社会互动、团体和文化所扮演的角色的作用。

社会性语义符号：世界如何告诉我们该做什么

社会性语义符号，比如人群在火车月台上的出现与否，还有路面上画的线条，这些都是信号系统的实例。长期以来，信号的角色都是作为生物学家、人类学家和其他社会学家研究动物和人如何表示出对另一对象感兴趣的信息。被称为“符号学”的学术领域致力于“在社会中符号的生命”。在某些情况下，当动物通过其大小、吼叫、犄角或茸角来显示出它的力量时，信号是来源于进化的；有时它来源于行为，例如动物的许多求偶方式，甚至强壮动物的“设障”行为，用克服明显的障碍来炫耀它们的能力。雄孔雀的长尾巴就被认为是一种这样的信号，它会妨碍飞行，但一个当代的理论认为它们的长尾巴实际上是一种炫耀的行为，带有长尾巴的雄孔雀是在宣扬它强大到足以克服这个障碍。另一个例子是瞪羚在发现一只狮子时不会逃离，而是故意跳上跳下，就如同在说："哈哈，你抓不住我。"看起来明智的狮子认同这一点，从而去追逐那些显示出脆弱性的信号，第一个逃离的弱者或幼小者。

无论是否打算进行沟通，语义符号对一个接受者来说都是很重要的沟通装置。我对此的观点不同于很多理论家，他们想要沟通的发送方和接受方双方都有意图。为了存活在世界上，对个人来说有用的信号是蓄意或偶然产生的都无所谓：对接受方来说没有什么必要的差别。是否旗帜是有意作为风向提示而被放在那儿（比如是在机场或在帆船的桅杆上）或者它是作为广告还是爱国主义的象征而被放在那里，对我来说又有什么关系呢（如图 4.4）？

旗帜可以作为自然界的语义符号，但由于它们能够传达很有用的信息，它们也在机场和其他地方作为风向标用于指示风向及风速，因此，图 4.5 里显示了一个人工建造的旗帜，一个袋状风向标，作为蓄意性语义符号来使用。

无论它们的性质如何，蓄意的或是偶然的，语义符号都能提供关于自然界和社会活动方面有价值的线索。对我们来说，要在这个社会性的、科技性的世界中正常生活，我们需要研发出有关事物意味着什么和它们如何运作的内部模型。我们寻求所有我们能找到的东西来帮助我们完成这个工作，在用这种方法时，我们都像侦探一样，寻找任何我们可能找到的引导。有时，细心的设计师会为我们提供线索；在其他时候，我们就必须利用自己的创造力和想象力了。

世界各地的社会性语义符号

图 4.6 显示了各种令人惊奇的蓄意性语义符号，旨在确保我们安全地穿行于城市街道中。地面上漆着的不同种类的线条是种文化信号，因为我

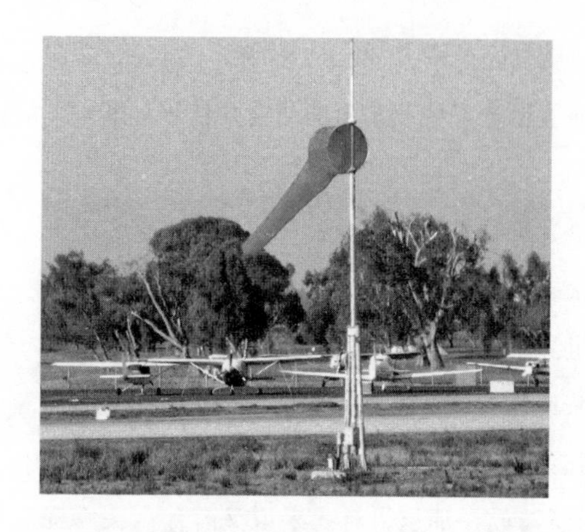

图4.5
一个作为蓄意的、人造的语义符号的袋状风向标。当袋状风向标被安置在机场时，是有严格的设计规格的，这让飞行员可以根据风袋伸展程度来辨别出风速。这张照片里显示的袋状风向标只是略有伸展，这意味着风速是少于15节（每小时17英里）。

图4.6
伦敦的交叉路口。请注意各种各样的语义符号：一个栅栏用来约束行人的通行，道路隔离带用来限制汽车，地上的标志用来提醒行人在过马路前"向右看"，以及各种油漆在地面上的线条——疏虚线、密虚线、波浪线（斑马线）、箭头和实线，还有闪烁绿色或红色的交通信号灯。请注意那个行人，显然漠视这些标记，走在完全违反了标记规定的地方。

们可以根据其文化背景猜到它们的含义，这是独特的英国交通文化，美国人并不明白锯齿线的含义。即使交通灯的彩色信号也有文化上的判断，使用红色作为“停止”，绿色作为“通行”是相当普遍的，但很少有什么措施去补救那些辨别能力有限的情况，就是大约10%的男性是分不清红色和绿色的（这是个感知心理学家和人类工程学家都很熟悉的事实，但早期交通信号灯的发明者却不了解）。在这张照片里的物理屏障，就是那个栅栏，比那些变化多端的灯光的文化符号和油漆的线条更有可能限制人们的行为，它能够被违反油漆线条穿行马路的行人看到。也请注意，即使车辆的正确位置也是变化多端并由文化决定的：货车在路左边行驶，在伦敦是正确的，但在大多数欧洲国家这是违反交通法规的。

社会性语义符号不能够促使人们做出适当的行为。图4.6中的行人直接违反了许多社会性语义符号，包括一个交通灯和一些用来标示出穿行马路的适当位置的线条。社会性语义符号是种约定，有时是起提示和帮助作用，但完全是自愿的；有时是在法律上定义了的并通过警察和法律制度来强制执行。但很多社会对轻微违反这些语义符号的行为是宽容的，所以违反交规的行人很少受到惩罚，而同样违反交规的汽车就会成为被惩罚的目标。这是为什么？社会性语义符号取决于社会的解读、社会制度和文化结构。

此外，社会性语义符号对于权威的级别是高度敏感的。想象一下你是在正式晚宴上的低级别的客人，那些呆板的事情中的一项就是桌子上摆着的看似无止境的刀、叉、勺。如果拿错了餐具就做好尴尬的准备吧，如果用手指拿起炸鸡——这在吃快餐和郊游时是很正常的行为——就准备好从桌子上被驱逐吧。很明显，在这些情况下的正确做法是看看你周围的人，然后照着他们的样子做。

但如果你是这顿饭的主人或来访的贵宾，那你就可以做任何你觉得惬意的事。用你的手指吃沙拉吗？如果其他一些赴宴的客人开始做同样的事，不要感到惊讶：他们太相信跟随领导者。在互联网上的一个关于“从洗指碗喝水”短语的快速搜索表明了这的确会是一个大问题，对于很多客人来说，他们从未见过在餐盘旁边放着一碗水，就会猜想它是用来喝的而不是洗手指的。曾经有这样一个众所周知的英国传闻，当英国女王维多利亚的一位客人犯了这个错误时，女王也跟着做了同样的事，以免使客人感到尴尬。

维多利亚女王的故事可能是虚构的，很可能是故事本身的魅力超过了其准确性，使这篇有关文化性知识的故事作为都市传奇而被传播开来。尽管如此，其在文化上的观点是真实的。如果有人在不知情的情况下从洗指碗里喝水时，一些顾问建议主人也跟着做同样的事，以避免尴尬。

这是一个故意创造出明显适当性行为的有趣例子：当一个人违反了标准的文化性的行为规则时，其他人应该跟着违反者来做，使他的行为显得正常及适当。

漆在地上的行车道和人行横道都是蓄意的和明确的社会语义符号。一旦你习惯了它们，它们就是无处不在的：有一大批工人被雇来刷油漆，或者从另一个角度说是来放置这些引导正确行为的蓄意性语义符号，尽管我怀疑明白它们含义的人数少于那些设计并将其放在生活中的人数。我在机场里、机场跑道上和坡道上、酒店里、医院里和很多其他场所都发现了这些语义符号，这些符号在几乎任何人们必须被引导保持在适当的行车线里，在适当的地方停止，甚至是在适当的位置游泳、跑步或骑自行车的地方都会出现。蓄意性语义符号是最容易找到的，因为它们通常被设计成可见的，以更好地引导行为。

文化上的复杂性往往产生于文化规范含糊不清和被曲解时。你知道在豪华宴会上当你必须离开桌子时该把餐巾怎么处理吗？实际上社会对离开时餐巾的处理行为有着严格的规范，我在杂志《欧普拉》（*O：The Oprah Magazine*）的网站上见到了这篇可爱的趣文：

在你坐下来不久之后就把餐巾放在你的膝盖上。如果你在用餐期间短暂离开，把你的餐巾——折叠好或不折叠——放在你的椅子上，然后把椅子推进桌子里。用完餐后，把餐巾折叠好放到你的盘子左侧，这是个信号，告诉服务员你的餐具可以清理了。

这是一个极好的有关蓄意的、明确的社会性语义符号的典型案例，不仅都包含在所传达出的明确信号里，而且也包含在信号所特有的社会性本质中。有多少客人知道这个礼节？又有多少服务员知道？我就是一个不知道这项规范的人，直到我为了准备写这一章节才在网站上发现了这个规范。即使是最讲究、最清晰的社会性语义符号，也只是在相关的其他人对语义符号了解的情况下才起作用。

如果有意的和明确定义的社会性语义符号是有问题的，那么蓄意的但完全不可见的那些又如何呢？考虑一下排队等待，这里的社会性语义符号并不明确。在许多文化中，队伍的存在表明人们在有秩序地等待接受服务，队伍的实际存在充当了排队等待行为的蓄意性语义符号，尤其是除了从队伍的最后加入队伍外，从其他任何位置加入队伍都是不恰当的，违反者会立即被制止。在有些文化中，让朋友插入到靠前的位置是被允许的，而有些文化则不允许，还有一些文化不遵循整齐有序的排队行为。

我在法国的游乐园里目睹了有关这种隐藏式社会性语义符号的文化冲突，那里的顾客们表现出了很多欧洲文化的混合。一些文化遵循耐心而有序的等待方式，而另一些文化则认为让身体尽可能快地移动到队伍的前面是恰当的行为。这就需要公园的工作人员不断地介入相互调停，以防止在这些文化冲突中发生打架行为。（我会在第七章中回到这个问题谈谈我的解决方案。）

有时似乎明显的语义符号并不是由于他们的出现，而是由完全不同的事件造成的。结果，显而易见的直接解释会是错的：我们把这些叫作“误导性语义符号”。一个误导性语义符号的典型例子就是在拥挤的高速路上车速变得缓慢甚至停止，对于大多数人来说，车速缓慢是一个前方有问题的标志；也许是事故阻碍了行车道。但有时交通变缓慢是个误导性语义符号，实际上是个非交通事件的标志。

非交通事件怎么会导致交通停滞下来？假设一栋房子着火了，附近拥挤的公路上的汽车里可以看到火焰，司机们放慢车速想看一眼这着火的场面，这意味着后面的车辆也必须慢下来以避免碰撞。后面的汽车依次都减慢了速度，每个后面的司机注意到速度变慢的时间不断累加，造成延迟的时间持续增加。结果就是形成交通工程师所熟识的“慢速行进波”，从起火点传播到后面，它传播得越远，速度变慢得越明显，持续时间也越长。最后，在令人惊讶的遥远的地点，离起火点几公里或几英里之外，所有交通都停滞下来。“一定是有事故发生。”司机一定会这么想，把交通的停滞当作前方发生严重问题的语义符号。这是个误导性语义符号，在本例中关于突发性行为的独特而有趣的那一点，一定会受到交通工程师、教授的钟爱。

有多少我们亲见并理解为有意义的事件，实际上是完全不同的事情的偶然性语义符号？由于远方小幅度的交通缓慢造成的交通停滞，既是偶然性语义符号，也是很多甚至没有计划的行动的集合造成了突发行为的一个例子。

即使社会性语义符号有时候含糊不清，有时候会产生误导，但它们是有关世界运作的有价值的线索，它们为我们的线索库里提供了强有力的范例，有助于我们搞清楚这个复杂世界的意义，也帮助我们了解如何通过观察其他人的行为来安排自己的行为——不管是他们有意识的行为，还是他们传达了一定信息的无意识行为。

第五章

善于交际的设计

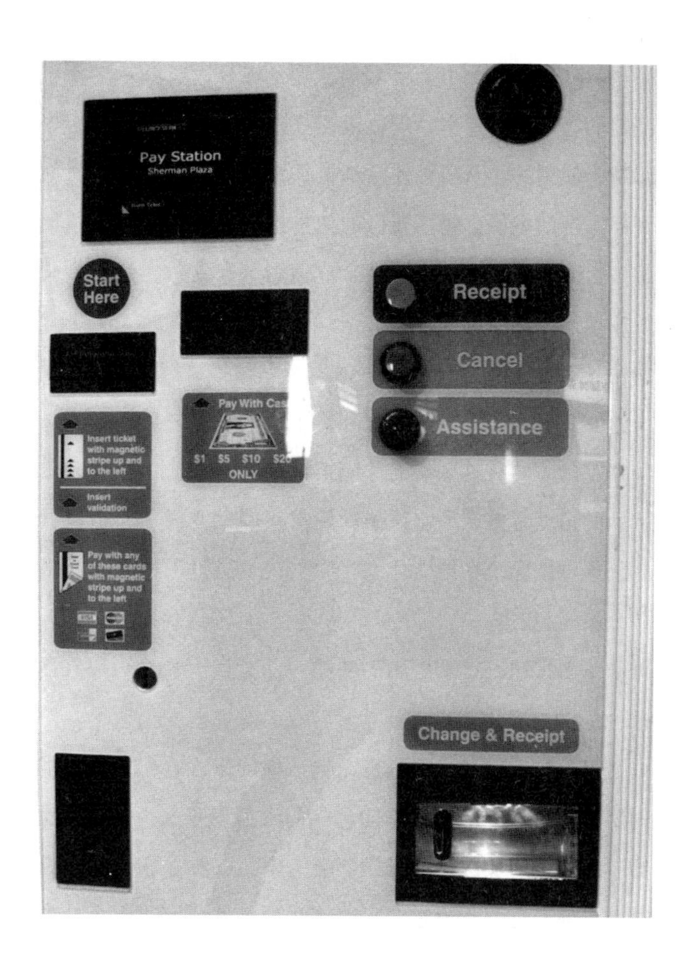

图5. 1

愚蠢的机器。实际上，它没什么特别的，只是个常见的停车场收费机，通常运转得也很好，用人类（女性）的声音对顾客说话。但一旦有出错情况时，它就不能解决问题了，而它标准的、令人愉快的形象也会被冷漠的、不善交际的嗡嗡声所取代。

“愚蠢的机器!”当我经过大厦的大厅时听到一个女士在大喊大叫。她把她的车停在车库里，现在返回来准备把车开走，但首先，她必须支付停车费，使用的收费机被体贴地放在大堂里的电梯旁边，就是那个可以载她到停车场的电梯。她所要做的就是把她的停车票插入机器里，机器会计算她该付多少钱，她可以用现金或信用卡来支付，机器会验证停车通行票并发放给她，然后她就可以在 15 分钟内把车开走，这期间无须支付额外的费用。

女士插入了她的停车票并付了费用，但之后就一直没收到经过验证的票据，她需要有这张票据才能把车开走。这时候没有任何东西可以引导她。从她的角度看来，所有该做的她都正确地完成了，但机器就是不提供通行票，这种情况下她能做什么?“愚蠢！愚蠢!”她踢着机器抱怨道。她按下一个按钮，“哔——”机器回应道。“它不给我票!”她漫无目的地叫喊着，按动更多按钮，得到更多的嗡嗡声作为回应。你可以在图 5.1 中看到一张这台机器的照片。

机器的反应的确很愚蠢，但话说回来，它们是简单的机器。为什么我们期望得更多?即使“智能化”的机器按照人类的标准也不算很聪明。机器不能够了解实际的情况或事情的来龙去脉，它们只能处理设计师曾考虑过的事件，这意味着它们不能够处理意外情况。但意外事件的发生应该被预先考虑到。问题就在于当意外事件发生时，它们总是没有被预先考虑到。收费机的设计师意识到了这个问题，这就是为什么他们在机器的右侧放了一个标记为“援助”的大按钮。在图 5.1 所显示的收费机上，按下这个按钮就有人通过扬声器来回应你，必要的时候，服务员会从位于三层的办公室下来，用人类的智慧来解决问题。

机器通常可以通过接管日常生活里常规的、平凡的那部分来简化我们的生活，这台停车收费机就是个很好的例子。当它工作时，不论白天还是夜晚的任何时间，人们从很大的（12 层）停车库里取车都会变得简单。当机器不工作时问题就出现了：机器带来了复杂因素。

由于机器无法应付这个世界上真正的复杂性，所以我们的生活由此变得更加困惑。想要设计那种可以处理所有的复杂性，尤其是那些意外情况的机器，一般都很难成功。不过，还是有很多有益的事情可以做，一个明智的做法恰恰就是让它像停车收费机所做的那样：找人来求助。一个次要的问题和这些机器设计师的设计理念有关：设计师对那些必须使用这些机器的人缺乏同情心。这些都是可以克服的问题。

我们需要那种能以有效的方式来应付意外的设计。机器出现故障是完全合理的，毕竟，人也经常犯错误。但当有错误和故障发生时，善于交际的人这样处理它们：表示歉意，试图解决问题，自始至终积极提供帮助并保持礼貌的态度。这就是我们的机器应该表现出来的基本态度。

这种无人应答的情况经常发生在和官僚机构打交道的时候。你的请求可能会被隐藏在幕后的、不可知的活动所阻碍或延迟。尽管与你打交道的人保持友好和合作的态度，但他们可能除了道歉之外无法提供任何帮助。这是种不利于交际的互动，你得不到任何解释，不了解问题出在哪里，不明白为什么得不到帮助。有时工作人员会和客户一样感到沮丧。我能想象到当办事员们聚在一起时，他们会抱怨那些规章制度妨碍了他们提供更有效的帮助。这里的问题并不是办事员或客户的行为不合情理，而是缺乏足够的信息：工作人员不知道到底在官僚机构的幕后发生了什么，每个人最终都感到沮丧。

当我们操作机器时，同样缺乏一种类似的相互约定。问题在于设计师通常只关注正确的行为——所有东西都运转正常，客户都按照预期的操作进行。在这种情况下，一切都进行得很顺利：机器在运转，客户很满意。当事情出错的时候会发生什么呢？通常，机器不能感觉到出现了问题，所以它会不断要求下一个操作，意识不到客户陷入了困境，无法继续操作。这就是在停车收费机前那个愤怒的女士所遇到的情况。

当设计是由按照自己的逻辑和自我意识来观察世界的工程师来完成的时候，问题就尤为严重。以他们的观点来看，人们变成了阻碍。“要是没有所有周围的这些人，”我听到工程师跟其他人说，“我们的机器会工作得很好。”这种心态经常出现在那些把机器组合起来的人里：程序员、工程师和系统管理员。当他们被迫去适应人们的实际行为时，他们说这是让他们的设计变成“傻瓜版本”或是“白痴版本”。

打电话时遇到什么情况会觉得奇怪？寂静无声，完全没有提示。因此你就会挂断电话再试一次。当人们抱怨在没有任何声音的时候他们不能判断系统是否工作正常时，工程师们很生气。“我们真没办法，”他们大声说道，“人们抱怨电话线路的噪音，所以我们做了巨大的努力来让它们完全安静下来，然后他们又开始抱怨这个！”于是工程师们在让线路完全安静之后，又开始把噪声加回来。但为了表示他们的鄙视，他们管这个叫作“舒适的噪声”。这是一种侮辱。我将它称为“有意义的反馈”，它并不舒适，但它是必不可少的。

听说过“信心显示器”吗？每当对着大批观众演讲时，我都面对观众站在舞台上，通常舞台上明亮的灯光令我目眩，所以我看不见任何人。当展示图片时，我也看不见，因为图片被投影在我身后的某处。发言者抱怨说他们需要能看到正在展示的内容。有时一些没有经验的发言者为了看到屏幕上的内容会背对观众，并对着屏幕完成整个演讲。

有一个简单的解决方案：在发言者的前方放置一个显示器，这样发言者就可以面对观众，在需要的时候看一眼屏幕上的图像来检查是否是需要的那一张。这个解决方案成为大型专业演讲的习惯做法。显示器有时放在讲堂的地面上，或是在讲台的地上，或是在第一排座位的前方。有时为了相同的目的，会在讲堂的背后放块大屏幕来投影幻灯片。这样做的反馈很有价值，让发言者看到了和观众所看到的相同的内容。

一个尚未解决的问题是发言者对机器缺乏信心。我们经常看到机器失效，图片不能正确地显示，视频无法播放。作为一位发言者，我完全不相信所有的照片会确实都被显示在屏幕上，我放弃了尝试显示视频：它们只在练习的时候工作正常，在实际的演讲中很容易噼里啪啦地出现噪音或突然崩溃。是啊，我需要信心：机器会正常工作的信心。我想把它叫作恢复信心，叫作信任，但千万别把它叫作舒适的噪音、信心显示器、傻瓜版本或是白痴版本。

我收集了许多例子，关于人与官僚机构之间、人和机器之间、人与人之间的误解、错误传达和糟糕的互动，所有都在精神层面上与这一章中讨论的情况类似。问题是在设计师那里缺乏社会交际方面的规则。这些经历使我相信我们的设计师需要新的思维方式，需要作出善于交际的设计。我曾经这样描述这种需求：

> 工程师和程序员们，即使是明智的、善意的那些，也会逐渐开始从机器的角度来思考。但是这些人都是很内行的技术专家，他们不是普通人，不是我们设计系统时的服务对象。不过，由于他们掌握着科学技术，所以他们控制着科技团体。他们是我们需要说服的人。
>
> 我建议转移战场，回到人类的范畴：人类需要顺从和宽容的东西。这些对设计师来说是新的概念，但作为概念来说，它们很容易理解。让我们的工程师、程序员和设计师们力求做出顺从的系统和宽容的系统。
>
> 目前的现状是我们必须去适应技术，是时候转变成让技术来适应我们了。（诺曼，2009 年）

我初次尝试发表这些观点时正在一家公司里担任顾问，负责开发一款美国所得税网上应用软件的全新版本。说一说这个复杂的任务：我需要面对无数的规则、需求和不同形式的表格，处理好这些即使对专家来说都很困难。我们的程序试图通过提供信心和保证来帮助人们。人们可以在任何想完成的命令里输入所需的信息，如果还没准备好，也可以跳过几个步骤。每个步骤都有明确的确认信息，显示已经完成的步骤，目前假定的结果，而且一直有一个叫“更多”（more）的按钮，按下去就可以解释为什么这一特定的步骤是必需的，以及在出现问题的时候应该怎么做。

所得税软件只上市了很短的时间，就由于公司业务组织的内部原因而被叫停。但在它出现的时候，由于其舒适的、辅助性的方法而收到了很高的评价。那是我在善于交际的设计上的第一次尝试（在那个时候，我的客户称之为“情感化设计”）。

我从这里得到的启示是，现在是使我们与技术之间的交互开始社会化的时候了。这需要什么？善于交际的机器，沟通技巧的基本课程，机器的礼仪规则。机器需要显示出对与之互动的人们的关心，理解他们的立场，最重要的是要沟通，让大家都明白发生了什么。

网状曲线

> Reticulating splines（网状曲线）
>
> ——运行电脑备份程序时的屏幕显示

我在自己家的办公室里备份我的文件，使用一种技术来保护我免受另一种技术的潜在故障的损害，希望能保护我那些重要的电脑文件免受计算机故障甚至是火灾或地震的损害。我的备份程序（它的名字是“Mozy”）会与我交谈，不断地提供进度报告，让我知道它正在为我而努力工作，正在做着奇妙的、神秘的、复杂的而且无疑是绝对必要的事情，来保护我远离可能降临到我珍贵手稿上的未知灾害。

首先它告诉我它在扫描我的文件，然后与一些远程的，但应该是位于安全位置的服务器进行连接。它让我知道它所做的一切。在某些时候，它告诉我它正在“Reticulating splines”，这个令人费解的技术术语却是不可思议地令人感到放心，它暗示了我不必自找麻烦而去考虑这种复杂的东西，把这事留给专家们去做，在这种情况下就是我家里的电脑正在与神秘的不知位于何处的“服务器”交谈，这个服务器属于分散在世界上的“神秘服务器云”中的一员。我所要知道的就是它正在努力将我所有的数据都存储在远程服务器上，以至于即使我的房子烧掉了，即使加州在大地震中沉入海底，我的数据依然是安全的。

但是，“Reticulating splines”到底是什么意思？备份程序的手册上并没有说。我到网上搜索了一下，得到了差不多4万条回应。“Reticulating splines”这句话最后变成了一个业内人士的笑话。游戏开发人员威尔·赖特（Will Wright）说他将这句话插入到电脑游戏“模拟城市2000”（SimCity 2000）中是因为“这听起来挺酷”。这句话从那时起就一直持续在游戏中出现。而且，自然也在我的Mozy备份程序中出现。不过，你知不知道，我们已经触及了技术人员的社会互动的平台，这里通常只有很少量的沟通，很少有社交技巧，即使一个荒谬的短语也是令人放心的。“请不要用你漂亮的小脑袋来想这件事，”这项“技术”屈尊向我解释道，“在这种情况下，我正在把那些令人讨厌的曲线结成网。”

我们依赖于我们无法理解的机器和系统，无论是国际银行业务操作，贸易的管理，还是货物和乘客的调度安排，甚至是航空公司的票价系统，规则都是如此复杂，因此没有哪个人会期望完全掌握它们。即使是家用电脑的操作系统也会包含超过50万行的命令。

我们与我们的技术之间缺乏理解并不只是单方面的：它有很多方面。技术不了解我们，甚至都没有尝试理解一下。当事情出错时，信息的缺乏使它不可能知道发生了什么。我们的技术世界是越来越不善于交际。我看到过世界级的领导人由于相当简单的问题而陷入技术上的困境，问题的原因就是缺乏相关信息。

机器当然是没有智能的，尽管工程技术界正努力尝试赋予它们一些。但不管有没有智能，它们需要有社交的态度，这也是很少被考虑到的一点。这个责任其实属于设计师，而不是机器，因为智能、礼貌、同情和理解都是由设计师和工程师来植入的。当然，作为像我们这种每天都必须与计算机打交道的人，我们看到的是机器，不是设计它们的人。对我们来说，是机器缺乏理解力，才使我们受到了挫折，问题出在它们身上。

目标与技术之间的错位

人们通常为了一些级别较高的目标而做事，单个任务组成的活动是实现这一目标的步骤。例如，我们可能有个高级别的目标——和朋友们度过一个愉快的夜晚，其中包括为他们烹饪晚餐，这个活动本身已经属于高级别的活动了。烹饪作为一项活动是由许多较低级别的活动，也可能包括较低级别的任务组成的。把一把刀磨快是切菜的子目标，后者也是准备菜品的子目标；但是这些活动都没有度过一个令人愉快的社交晚会——这个高级别目标更重要。

虽然我们经常为了追求一些较高级别的目标而行动，我们所使用的工具通常也是专业的，但我们没有用于重要目标的工具，那些工具只是为较低级别的行动而准备的。

为特定的任务而设计的工具和我们的高级别活动之间的距离不会导致使用机械工具的困难。原因是这些工具有稳定的、容易理解的性质。人们能够预计出工具的反应并在其高级别的需要和工具的能力之间做出平衡，以确保每个低级别任务可以恰到好处地适合高级别的目标。

使用智能工具时，问题的出现通常是由于机器里规划好的行为和预期状态与人的行为和预期状态之间的不匹配。我们常常需要在活动中的某个阶段改变我们的目标，我们也可能会决定替代和更换一些步骤，或是颠倒次序来做事情。不善交际的工具通常没有能力来应对这样的变化。此外，大多数活动都需要使用多个工具、多种技术，但你绝不会从工具的设计上猜到这一点：所有的工具都被设计成好像在操作时它是唯一被使用的东西。我们孤立的、与使用环境无关的智能工具不可能善于交际。一款善于交际的设计能够很好地支持高级别的活动，就像支持较低级别的任务一样好。

中断

还有另一个问题：中断。同样，大多数工具被假定成在没有其他任务会打断的工作环境中使用，并且假定工作是一口气干完的。但现实生活提供了一个持续不断的事件流，我们将不断地被朋友、同事和老板打断。我们离不开我们的个人生活，所以在不相干的活动之中，我们也许还想与我们的朋友和家人交谈。许多活动会持续很长时间，所以我们可能不得不中断一下来休息、进食，或结束一整天的工作。最后，人们往往同时处理多个任务，大多数活动都包含大量同时要做的事情，并且，我们通常都同时思考或执行多个活动。

中断产生严重的心理负担。例如，如果我们正在阅读，中断意味着我们要找到之前正在读的页码并重新构建我们的思考结构来继续下去。如果我们全心投入到精力集中的工作和心理活动时——比如在编程、写作或设计中需要做的那样——由中断而引起的干扰就更加严重。心理学文献中有很多研究证明了中断引起的高认知工作量和由此产生的任务完成过程中的低效率。有关任务执行情况的研究文献中指出中断会导致错误：人们会忘记之前的位置或状态，有时需要重复一个已经完成了的任务或跳过一个尚未完成的步骤来继续，两种情况都会产生严重的消极后果。此外，当一个任务打断了另一个，那么由于需要重新启动的时间，所以每个任务都会变慢，所需的总时间可能会远远大于没有任何任务被打断的状态。

生活有办法把很简单的事情变复杂。在许多关键的行业中，中断可能就是生命威胁。为了避免中断所造成的问题，商用航空的飞行员不允许随便交谈或在起飞和降落的过程中与机舱工作人员相互影响，这是在驾驶舱的工作中两个最重要的时段。医疗工作过程中的中断受到特别的关注，因为在紧急情况下，高度集中的精神被不断打断的话，往往会出现意外。即使每个任务和问题都很简单，与一连串的动作交织在一起，最终的结果还是会不断地造成出错的可能性。

在任何紧急情况下，新的事件都会不断发生，其中许多事件都很紧急，会因此打断其他任务。随着技术不断地侵入日常生活，被打断的情况的数量就在不断增加，因而使最简单的任务也变得复杂，增加了错误，降低了效率，并增添了我们日常生活的压力和混乱。

我们应如何处理这个问题？当中断不可能停止时，我们就需要辅助设施以保持我们在各项活动中的位置和状态。工具或机器需要带有内置的自动方位记录和提醒功能。它应该被设计成带有识别功能，使得工作人员可以离开活动，并可以迅速返回，需要一种快速和方便的方法来记住已经做了什么，现在需要做什么，以及当前状态是什么。所有的关键信息都需要保存好，这样即使失去电力，也很容易恢复中断发生前的精确位置和状态。另外，因为一台机器上的一个活动可能为了应用其他活动而被清除，必须能够很容易地将机器返回到初始的活动上，并从它中断的位置继续开始（并伴有相关的身份和状态显示）。我们当今的技术很少有支持中断的。

对使用方式的忽视会使简单而美丽的事物变得复杂而丑陋

关于外观的事。任何设计对象都是其所处环境的一部分，但就设计而论，令人惊讶的是很少有人注意到设计对象的环境和社会影响。每个东西都被设计得犹如一个小岛，不依赖于实际的使用情况、周围环境和人们所受到的影响。

杂志里的建筑和室内设计的内容，建筑物、办公室和家庭的照片总是一尘不染，井然有序。草坪被仔细修剪过，人行道上没有裂痕。在室内，没有文件被乱丢在桌面上，没有无序的状态。在厨房里有漂亮的一碗碗的水果，没有脏盘子。

在各种设计竞赛和工业设计师们的杂志里同样有对产品实际使用环境的忽视。我曾经在几个设计竞赛中做评委，在那里所有创意设计都被展现在原始的环境中，没有电线或插头，没有人，没有周围的活动。我尝试过改变规则，以便在将来，所有展品都必须展示其在使用中的状态，带有所有必要的支持装备，包括电源线、扬声器连线、网络连接外设——所有的一切。我的评委同事们耐心地听了我说的，带着宽容的微笑，但什么都没有改变。

设备前面的设计备受重视，因此都被造得美丽而优雅，与此同时其背面被忽视了。但在大多数的商业环境中，甚至是在家里，美丽的一面只能被使用设备的人看到，而其他所有人——访客、顾客、客户、朋友，甚至家人——必须看着设备的后面。大多数东西的后面，不论动物还是科技产品，都不是由于它们的美丽而闻名的。图 5.2 显示了一些典型的结果，即使如此，我还是相信关于这个话题每个人都有自己的“恐怖故事”。

对使用方式的忽视会把简单的、有吸引力的物品转变成复杂的、丑陋的东西。当独立的、简单的设计组件被放在一起时，结果会变成令人恼火的复杂。看一下图 5.2 所展示的例子，它们不仅是看着丑陋，而且由此产生了纠结在一起的电线，有时还是在难以触及的位置，使得连接、断开连接和检修连接故障这些任务变得很复杂。

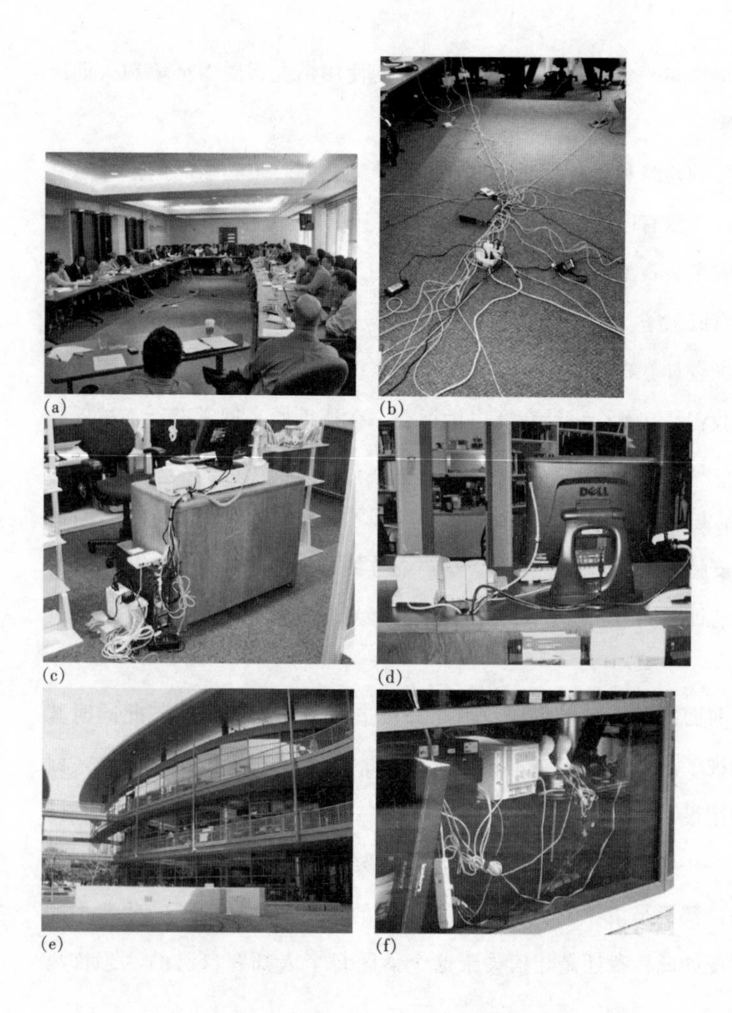

图5.2

这些都表现了不善交际的、不必要的复杂。照片（a）和（b）拍摄于一个设计会议室，位于美国国家科学基金会，就在华盛顿特区的外围，但是你看看照片（b）里那桌子中间地板上乱糟糟的东西。电源板是一种简单的设备，但在真实的使用环境中，纠结在一起的电线真令人厌恶。在我们讨论优雅和美丽的两天里，我们不得不盯着这堆乱糟糟的东西。照片（c）拍摄于加州的帕罗奥多市的一家银行里。照片（d）展示了美国西北大学的工程学图书馆，照片（e）显示了富有吸引力的斯坦福大学（Stanford University）的詹姆斯·克拉克中心（James Clark Center），但当参观者从窗户里看进去时，他们看到的是照片（f）中丑陋的背面，这些不仅看起来不体面，而且很难使用：在难以触及的位置上纠结的电线显示了缺乏为实际使用环境而考虑的设计。

愿望线

在公园或大学校园里走走，在那里整洁的人行道和小路中间，你会发现凌乱的人类足迹，人们踩踏出来的土路穿过空场、草地，甚至是花坛。这些土路都是社会性语义符号，清楚地表明了人们的愿望和规划者的设想并不匹配。人们在走路时尽量简化他们的路径，总是喜欢更短的路线，即使这样做意味着要穿过花园或跑上丘陵（见图 5.3）。

景观设计师和城市规划师很不满意他们设计的场地被破坏掉。规划师厌恶这种行为，把它们当作自私的懒人对别人精心设计的成果的破坏行为。这些人为的路径被称为“愿望线”，因为它们反映出人们所希望的路径，即使正规的街道布局和人行道也不容许这样的路径。明智的城市规划师应该注意听取这些愿望线中隐藏着的信息，当愿望线破坏了原始的规划，这就是个信号，表明了设计并没有满足人们的需求。

有一个常见的传言，说是有些大学校园里有根据愿望线设置的人行道，完成的做法是先不放置人行道，直到建筑物被使用了差不多一年之后再沿着人们在建筑物之间穿行所踩出来的路径来规划人行道。尽管我经常听到这个故事，但我对此表示怀疑。为什么呢？因为它太过明智，太过于人性化，以至于不可能被实施。我甚至也还没有找到过直接证据，只是听到过这个故事而已。没有实施的可能性是由于这几个原因：当学校在进行建筑施工时，他们希望要完成建筑然后让人们进去工作；此外，如果人行道被延迟铺设，人们会抱怨那一整年的泥泞道路；最后，施工预算中包括人行道的部分，预算不太可能在项目的其他部分都完成后继续保留一整年。顺便说一下，家具也是相同的情况，当一所大学的新建筑建设完成的时候，大学就会适时地给予一次性的家具拨款，它必须在财政年度结束之前用掉。不管是否有些空间是故意空置来用于将来的扩充，在没有搞清家具的未来

图5.3
"愿望线"。人们设法简化他们的生活，喜欢选择较短的路线。当城市提供了一个矩形的路径时，如图（a）里的灰线表示的那样的人行道，人们会走捷径，就像穿过夹角的虚线所示的那样。照片（b）看起来像在一座城市里。照片（c）显示了一条被当作"人行道"的路径，它传递了一个信息："城市啊，请在这儿放一个人行道。"照片（d）显示了人们一个接一个地在没有正式路线的地方来创造路径的例子。[图（a）是我画的；（b）和（c）是我在伊利诺伊州的埃文斯顿拍摄的照片；（d）是凯文·福克斯（Kevin Fox）在加州大学（University of California）伯克利分校（Berkeley）拍摄的；经许可使用。]

使用者到底需要什么的情况下，家具必须在预算的最后期限前购买完毕。

按照愿望线来建人行道可行吗？也许是的，但这样做就是挑起了与不易理解的、非常不善交际的官僚机构的斗争。一些景观设计师厌恶人们从他们美观的、令人愉悦的布局中走捷径穿越。一个愤怒的景观设计师称这是“因为那些令人讨厌的懒人，宁愿采用从 A 到 B 的最短路线，而不愿意使用铺设好的预设路径”。他称这些为“景观中的污点”。不要屈服于那些令人讨厌的人，他争论道。他想迫使他们采取正确的行为，在他们的路径上放上栅栏：

> 要纠正此问题，你需要建立直接的道路或不容易通过的隔断，使行人使用预设好的路径。
>
> 显然一个不能穿过的障碍物就是一种这样的隔断，可以采用篱笆、树木或池塘的形式。制定一个绿化带或植树的方案，包括起到同样作用的花盆。［来自菲利普·沃伊斯（Philip Voice）的博客，“景观充电”（*Landscape Juice*）。］

规划师的愤怒是可以理解的，我们很多人可能都表达过这样的情绪。人们穿越草坪甚至花坛。一旦大量的人开始使用公共空间，往往就会受到相当大的破坏。建筑物里的居民会在他们的窗户上贴上纸板或铝箔来挡住耀眼的阳光，海报、标志和通知书把大学校园的墙和人行道弄得乱七八糟。是的，这些行为都令人恼火，破坏了原本优雅的设计，但如果说有什么是根本上令人恼火的，它应该是针对那些缺乏社交能力的设计所引发的回应。

人们为什么要在草坪或花坛上穿越？因为人行道和设置好的路径都没有放在人们所需要的地方。建设物里的居民为什么挡住了窗户？因为不这样做生活就会变得太难受：耀眼的阳光会使工作变得很困难，使计算机屏幕没法看清，并把室内变得很热。为什么那些标志信息被放得到处都是？因为那些标志信息是了解这个复杂的世界所必需的。标志信息经常被用来解释如何使用物品，解释为什么有些东西无法正常工作，或只是简单地发布事件公告，但没有其他更好的地点来把公告发布出来。

愿望线显示了人们的真正行为是怎样的。为什么不把愿望线作为有价值的参考，并据此来相应地修改路径？为什么要在人们的生活中增添不必要的复杂？

愿望线象征着懒惰吗？答案是肯定的。但懒惰实际上是物理现象中的基本规律，被称之为“能量最小化”原理。所有的物理系统都会采取尽量减少能源消耗的状态：人类也是如此。那些信奉使用物理障碍来阻止人们去选择更有效率的路径的景观设计师，并不是在为必须要使用这个空间的人们来做设计。公共空间是为人准备的，除非它是一件艺术作品。隐藏在以人为本、善于交际的设计中的哲理是：为使用它的人们的利益服务，考虑到他们的真正需要和愿望。

尽管术语“愿望线”最初是用来表示人们所寻找的穿越场地最有效率的路径，这个术语也可以扩大到包括任何人类自然行为的指示器。一个叫卡尔·迈希尔（Carl Myhill）的研究员，显示了在使用设计得很糟糕的系统时，人们做出的尝试所留下的痕迹与愿望线基本相同。道路上的刹车痕迹，长椅和楼梯上的磨损痕迹，甚至填写了正确信息的表格也不是添加在设计师预设好的方块里。迈希尔表示，如果只是简单地观察人们的行为，设计师的意图和观察到的行为之间的差异能够提供有价值的设计信息。

愿望线是人们期望行为的重要语义符号。明智的设计师和规划师会注意到这些语义符号，并做出适当的响应。一个相当简单的简化事物的方法就是使用人们实际行为所留下的痕迹，来设计出支持人们愿望的系统。

然而有的时候，设计是为了激发，这就是艺术作品的意义所在，有意创造出得以激发思考和讨论甚至争论的东西。在这种情况下，也许最好的办法是忽略市民的投诉。例如，我有一个由法国设计师菲利普·斯塔克（Philippe Starck）设计的榨汁机（他称之为“外星人榨汁机”），它不是很擅长制作果汁，在互联网上有关于它起不到榨汁作用的无数评论。那又怎样？这是件艺术品：斯塔克自己说过做这个的目的是创造对话。我把它当作艺术，并将其陈设在我的客厅里，我在厨房里使用了更具功能性的榨汁机。

有时忽略人们的愿望并制约行为以适应美景是合适的，这适用于艺术作品，意味着引起争论，但这也适用于防止不安全的、危险的或非法行为为目的的情况。在这些情况下，设置障碍来防止“不适当的行为”，设置警告标志，甚至通过法律来惩罚这种行为都是合理的。在这里，有意识地使不当行为难以出现就是设计师的目标。标志并不总是起作用，如图 4.6 中生动的画面所显示的那样，有时会增加复杂性和引起困难。愿望线表明了真实的偏好，但并不是所有的偏好都要被适应。

痕迹与网络

愿望线在物质世界中是可见的，因为当人们漫步穿过土地时，他们踩乱地面，留下痕迹并损坏植物。越多的人走过相同的路径，就留下越强烈的标记，对地面和植物生命的影响就越大。这一点同样适用于所有物理行动，每个行动都会留下一些使用的痕迹。当人们读书时，可以根据纸上的污迹、翻卷的页角、折痕和书上的批注来找到他们的痕迹。即使书脊也反映了使用信息，可以很容易地翻到经常使用的那一段。在电子世界里，我们也会留下痕迹，只是这些痕迹不借助技术的辅助是看不见的。即使最简单的活动也很容易留下痕迹。穿过走廊时，一个摄像机记录了通过的情况；使用信用卡时，留下了购买了什么、多少钱、你在哪里使用的这些记录信息；查询一些电子信息时，你不仅留下了关于你问了什么的信息，还留下了提问之前和之后一刹那的活动信息。信息，不论是通过语音还是电子通信服务，都必须被记录下来以传递给收件人，收件人在收到信息后，虽然他和发件人都可能会试图删除或销毁信息，但还是留下了他们的痕迹。

我们留下的痕迹能够提供有价值的信息，不仅与我们自己的行为有关，还与普遍的人类行为有关。现在有越来越多的科学家致力于研究这些由此产生的互联网络：人关联到人，人关联到物理位置，关联到系统和组织。这些痕迹能够用来简化我们的生活或是使生活更复杂。

把痕迹作为社会性语义符号使用的一个强有力的证据就是人们在阅读杂志、书籍、科技期刊和互联网上的内容时留下的记录。自20世纪初起，这些痕迹的重要性开始被认识到，很可能开始于1934年保罗·奥特莱（Paul Otlet）的《条约文件》（*Traité de documentation*）和1945年万尼瓦尔·布什（Vannevar Bush）的“麦麦克斯存储器”（memex）概念。

奥特莱在20世纪的中叶于欧洲完成了他的工作，但第二次世界大战干扰并弱化了他的成果原本可以产生的影响力。布什作为电气工程师，在战争中是美国科研成果的领导者，他则更具影响力一些。在1945年，一篇发表于流行杂志《大西洋月刊》（*The Atlantic Monthly*）的文章中，布什提出了“存储器扩展”——麦麦克斯存储器的产品，能够显示书籍、电影和其他阅读材料，并自动创建和跟踪相互之间的交叉参照（记住，这是超文本和互联网被发明出来的半个世纪以前）。布什认识到由读者创造出的痕迹本身就是有价值的，它们将简化学者研究此主题所做的努力。因此，布什写下：

> 全新的百科全书即将出现，大量现成的关联痕迹贯穿其中，准备投入到麦麦克斯存储器里并在那里扩展开来。律师可以综合他自己和朋友以及官方所有的案例经验来得出相关的观点和决定。专利代理人可以根据他的委托人的所有兴趣点调出数以百万计的已注册专利。对患者的反应感到迷惑的医生，可以在以前的类似案例研究中寻找痕迹，通过案例历史的比较并辅以相关的解剖学和组织学的经典著作能够很

快完成工作。正在刻苦钻研一种有机化合物合成方式的化学家，能够在他的实验室里把所有化学资料摆在面前，按照化合物的比例和其物理、化学反应的痕迹来进行工作。

历史学家，面对某人的大量的编年目录，把它对应于只在显著条目才停止的跳跃性痕迹，并可以追寻任何同时代的、在某一时间点上引导整个时期文明的痕迹。有一个开拓性的新专业会产生出来，就是以从庞大的普通记录中找出有用的痕迹为目标。大师的遗产信息变成不只有他个人的相关记录，还有有关他的弟子的全部记录。

回到早期使用参考书目的那个时候，当我们认为所有的行为是积极且良性的情况下，那些衍生的痕迹将对其他人有极大的价值。因此，奥特莱在 1910 ~ 1934 年期间和布什在 1945 年预想了一个读者会留下他们的痕迹的世界，这痕迹如同一本书一样有价值，因为它们让新手可以在一个题目中遵循大师的足迹——大师留下的痕迹，参考他们创造出的连接关系。如今对这些想法的实现却有些虚弱无力，互联网允许想法之间的链接，但只能通过由人类的网站开发人员（或机械的算法）所给出的明确链接，或通过在搜索引擎的使用中形成的链接。奥特莱和布什所想的都是一个读者可以遵循任意一个人明确的行为痕迹。

遵循其他研究人员的行为痕迹听起来像个好主意，但我不相信它有多大价值。它真的能简化我们的工作，还是所有错误的痕迹和不断地重新开始反而会使我们的生活复杂化？我们如何知道哪些路径是对我们的目标有价值的呢？举个例子，假定你遵循我写本书的这一节时的调查工作痕迹，你作为一个读者，可以跟随我徘徊于在线版的《大英百科全书》、维基百科、图框和箭头的网站、美国加州大学伯克利分校信息管理和系统学院的网站，加上我和研究团体成员之间有关这个主题的电子邮件。一路走来，我发现了新的人和新的信息来源，但我也撞进了很多死胡同，跟很多人交谈后发现他们无法提供帮助。如果你作为读者遵循这些痕迹，恐怕得不到什么启发。毕竟，这条特定的研究途径花了我近两个月时间，期间伴随着很多失败和挣扎。在许多情况下，最好的方法不是遵循这种途径，而是接受他们的研究成果。

盲目跟从他人留下的痕迹有另外一个问题：这些可能是虚假的痕迹，故意放在那儿来欺骗或误导我们。多维空间和万维网的早期工作者假定用户都是善良的，只想要指导和帮助别人。今天，我们清楚地了解到，有很多人仅仅是为了制造乐趣；很多人只是为了制造麻烦。很多人有狭隘的看法，他们想要压迫别人；他们努力地传播自己的理论架构，同时努力消除所有其他理论的提示信息。

学者们通过论文中的参考和引用留下了他们工作的痕迹。你可以在本书的注释中看到一个例子：取自他人作品的想法会被归功于所引用文章的作者。法律制度是引文汇编的先驱之一，从19世纪晚期开始就列出了从一个法律观点到另一个观点的参考。律师对这些痕迹的重要性有长足的认识，尤其是很多法律都基于先前的惯例，因此知道哪些案例是引用了哪些其他的案例是非常重要的。在20世纪50年代，尤金·加菲尔德（Eugene Garfield）认识到对科学论文做逆向分析将会是有价值的，看看有多少研究遵循了所给出的被引用作品。由此诞生了现代引文分析，起初是由手工完成的，而如今已经完全自动化了。引文索引不仅对研究学者们有用——能够通过引文向前追溯到某个学术思想在当时的影响，它也成为一种广泛使用的针对学者重要性的评级工具：“在过去一年里有多少人引用了你的作品?”院长可能会在雇用、保留或晋升的评定中提出这个问题。

由我们所有的物理和电子的活动痕迹形成的社会性语义符号会成为对我们生活的有价值的补充。社会网络是把一个人链接到另一个的重要方式，包括朋友、共同的爱好，教育、工作和游戏的团体。结果所产生的人与人之间的联系为人们的兴趣和团体之间的联系提供了有价值的见解，使人们随时跟老熟人保持联系并发现新的伙伴，能够得到问题的回答和建议，同时也为窃贼和执法机构、广告公司和销售人员、从朋友到麻烦制造者提供了丰富的信息平台，不论你是受益者还是明确的反对者。

今天，这些社会性语义符号构成了电子信息世界中的一个重要工具的基础：推荐系统。

推荐系统

我们为什么愿意看畅销书榜单上列出的书？或者，在电子商店中面对着一排排令人生畏又大同小异的设备时，为什么我们经常会找店员提供帮助，希望他指着一个产品说“这是我们最受欢迎的产品”？

这些都是原始的推荐系统的例子，推荐的建议基于物品的纯粹受欢迎程度，很像我们挑选未知的餐馆时会避开空荡荡的那些一样。选择人气高的是个好的开始；毕竟，如果是每个人都喜欢的东西，那它就一定不差。这些推荐系统不同于书籍、电子设备或餐厅评论家发表在报纸或杂志上的专家推荐。在这些专业的评论中，我们要判断我们是否同意评论家的偏好，哪些评论看起来像是有人为了利益而写的，而不是通常的读者、用户或餐厅顾客的客观意见。

畅销书排行榜根据的是销售数据，这既是它们的优点，也是它们的缺点。没有人是一般的：每个人都在某方面与众不同。如果推荐是来源于那些兴趣、偏好和技能水平与我们自己大致相同的人该有多好！这就是现代的推荐系统。因为人们的行为被以电子的方式捕捉下来，不论是通过电脑、电话还是信用卡的使用，都可以根据广泛的特征——包括他们正在从事的活动、年龄、居住或工作地点和对相关物品的喜好程度来把用户区分开来。

在信息空间的虚拟世界里，每一项活动都留下了痕迹。所搜索的问题道出了一个人的兴趣，那些已读页面也是，尤其是那些被回头查阅的页面。

在商店里，浏览和购买的物品提供了兴趣的记录，就像在雪地里的脚印提供旅途的记录一样。不同的是推荐系统可以从痕迹中做出选择，只遵循那些兴趣和目标与你相似的人留下的痕迹。

当你在购物时，商店知道你已购买了什么，如果是一个虚拟商店，它会知道所有你考虑过但没有购买的物品。当你看节目、视频或电影时，程序提供者可以确定哪些部分你看过，哪些部分你跳过了，还有你重复看了哪些部分。在电子书和文章方面也是同样的。你的活动详情可以被提供出来：不只是你看过、读过或做过什么，还包括如何、何时，有时甚至是与何人一起做的。

推荐系统现在正在快速增长。书商会告诉你和你兴趣类似的其他人都喜欢什么，在购买或租赁产品和服务时也是这样，音乐、体育、餐厅和服装行业同样如此。同样的原则也被用于执法机构来创建详细的形象描绘："喜欢这种东西的人，"系统会告诉警察，"已经制造了麻烦。"这些"麻烦"可能是"抢劫银行"、"谋杀"甚至是"抱怨警方的行动"。

这些系统简化了我们的生活还是使生活复杂化了？它们靠针对基于共同的背景和兴趣的人提出一般性的假设来工作。因为它们积累了大量的个人的信息，所以它们的工作能起到作用。它们在通常都工作得不错，但不是在每个特定的情况下。当系统推荐图书或餐厅，但让我们可以自由地忽略该建议时，我们就会受益。在这种情况下，系统简化了我们与生活中的复杂成分之间的交互。但当系统出现故障时，当把它们用于预测个人的行为，特别是当它们试图预测非正常和非法行为时，平均值预测的使用就是不恰当的，出错的可能性和代价都很高。在这些情况下，虚假的预测为个体和社会都制造了令人困惑的复杂。

支持群体

支持群体是善于交际的设计的标志。对群体的支持在图 5.4 所示的活动中是显而易见的，但群体几乎总是被卷入到活动中，即使在还看不到其他人的时候。所有的设计都有一个社会性的成分，群体有不同的哲学、见解和议程，能够使活动变得复杂化。

在图 5.4 所示的会议中，设计已经提供了和物理空间一样尽可能多的对会议结构的支持。会议特意在位于落基山脉的独立营地举行，时间是冬季的中期，与会者想去任何地方都很不容易。它被组织在一个相当“空余的”时间，这意味着他们会自然而然地聚集在一起讨论会议的主题。房间本身就是善于交际的，有食物、椅子、聚在一起的地方，如同一个有意组织的团体活动：如图 5.4（b）的拼图游戏。这些空间的目的是促进互动交流，使非正式的讨论和辩论成为可能，正是横跨不同群体的科学观点得到传播与发展的关键。

注意这次会议通过隔离来优化了社会性互动，会议鼓励集中互动，仅限于与会者。这就是一个少即是多的例子：更少的机会提供了更多的关注和深度。

人自然而然地具有社会性和交际性。通过恰当的善于交际的设计，我们可以得益于人们的技能，争取让他们了解正在发生的活动，这样，如果出现问题，可能的行动方针就能被理解——就是理解将复杂系统转换成简单的系统。群体的理解通常会比个体的理解更强大和牢靠。

对机器和服务的设计都应被认为是一种社会性活动，对交互作用的社会性属性应该得到像活动的成功完成一样的关注。这就是善于交际的设计。

(a)

(b)

图5.4 社会群体。人们在群体中工作得很好，无论是在非正式的谈话中，如照片（a），还是在试图解决问题的时候，如照片（b）。

照片来源于年度人机交互社团，拍摄于美国科罗拉多州的落基山中。

第六章

系统和服务

(a)

(b)

(c)

图6.1
服务就像俄罗斯套娃。在一个典型的服务行为中，客户和员工在柜台前面对对方，如照片（a）。对客户来说，员工代表了服务，但每个员工都必须要去处理公司内部的服务。服务就像这些嵌套的俄罗斯玩偶，每个娃娃里面有另一个存在，每个服务里面都包含着其他服务，如照片（b）和（c）。

我的工作大部分都与计算机和电讯公司还有利用这些技术的初创公司有关。这些公司制造电子产品：电脑、照相机、手机、导航系统等。这些都是交互式的设备，一个人的操作将会使机器的状态发生改变，然后就需要一些新的操作。在许多情况下的人和设备必须形成一种对话的形式来建立起所需操作的适当的参数设置。基于所遇到的困难，计算机科学家、心理学家、其他社会科学家和设计师开发了一个新的学科——交互设计，以此找出最适当的方式来处理交互。随着技术的发展，以及人们使用这些技术的熟练程度不断增加，交互设计领域不得不处理更多、更先进的技术和交互哲学。从理解和可用性领域的扩大，到加入情感因素，朝着关注于体验和享受的方向发展。如今，越来越多的产品中包含有隐藏的嵌入式微处理器（电脑）和通信芯片，其结果是交互设计现在几乎成为所有设计的一个重要组成部分。

服务界不同于产品界，部分原因是因为它们没有像产品一样被深入研究。虽然有人认为服务提供商应该追随优良的交互设计的基本主旨，换言之就是伴随着相关概念模型的良好反馈，事实上并不那么简单。服务通常是复杂系统，即使是分公司遍及多个地点有着大量公司部门的服务提供商也几乎不能理解。这就对开发良好的运营模式造成了巨大障碍，并使反馈也变得特别困难。

乍看起来服务和产品似乎是不同的实体，但试图下定义却是非常困难的事情。服务通常被定义为有用的行动或为别人而做的工作。服务和产品之间的唯一区别通常只是立场不同。在某种意义上，每个产品都为其用户提供服务。照相机和冰箱看起来都是非常典型的产品，但是他们向使用者提供了有价值的服务。冰箱在安全存储温度下维护食品：这就是一项服务。照相机是个物质产品，但它向用户所提供的是回忆和分享体验，这也是一种服务。

同样，银行的自动取款机（ATM）对它们的制造商来说都是产品。银行提供产品让客户来使用。但对客户来说，自动取款机提供了一种服务，使其更方便地办理基本的银行交易。

服务常常极其复杂，许多我们最常见的服务——家用设施、电话服务、政府服务，如许可证、护照和所得税——都有庞大的官僚主义规章制度，一大批机构内部的人，经常还有公司里面都会有的很多个部门，声称负责所有非常规性的问题。作为个人，我们所看到的只是服务的前端，由人、邮寄地址、联系电话或网站组成的可见部分，是我们互动的来源。

所有那些在幕后的东西——那些神秘地运作着，形成顺利、高效或者令人困惑的、愚蠢的运作效果的东西，被称为“后台”。称为“前台”或“台面上”的成分是客户可见的部分，例如，银行办事员等待着去给你帮助。后台指的是所有发生在客户视线之外的活动，例如，银行的幕后操作，要么发生在客户看不到的办公室中，最有可能的是发生在位于远离银行的完全不同的建筑物里。很多银行的后台操作甚至不是由银行完成的，而是由各种国际银行网络上的实体，其中包括公司、财团和政府完成的。后台操作是恰当完成交易服务所必需的，但客户往往只知道可见的前台操作。

我们常被误导认为，一项服务的前台和后台之间的区分就意味着一道简单的分隔。一切事物都有正面和背面，所以每个后台成分也都有自己的正面和背面。银行中对客户来说是后台的部分对办事员来说就是前台，对一个办事员来说是后台的部分对其他办事员来说就是前台，每个人都各有自己的前台和后台。

服务是循环的。它们有点儿像图 6.1 中俄罗斯套娃：当你打开一个时，它里面有另一个非常相似的娃娃，如果你再打开那一个，里面还有另一个娃娃。为现代系统和服务做设计必须妥善处理这种循环性，还有，事实上，设计的内容取决于立场。你是站在客户、办事员、幕后的助理，还是管理中心的立场上？答案是：你必须把他们都考虑到。

服务内部的后台是至关重要的，这属于操作的层面，所有的工作都在这里完成。如果操作失败，或如果它们被执行得很拙劣，那么该产品或服务就会失败。复杂产品有复杂的操作和技术隐藏在背后，这意味着有许多人在后台工作，使正在与外部成分进行交互的人们有尽可能顺利和容易进行的操作体验。但是，这些人都有自己的工具，每个又都拥有内部和外部成分。

成功的产品必须合并内部和外部成分的所有不同的层面，协调地支持所有可见和隐藏的服务和操作。产品存在于一个复杂的交互网络中。

这里的设计问题是很大的：如何让所有的参与者——客户和员工都参与进来，获得他们所需的信息，以使他们能够理解业务操作？反馈和概念模型是在使用过程中的两个最重要的时期。一个是当产品或服务第一次被体验时，在那时候这些体验帮助人们学习该做什么和该有什么样的预期。另一个是当出现问题或意外延误的时候，也许需要更多的信息或认证，显示操作链中的某个地方出了什么错。在产品上，通常是比较容易处理这些情况的。但是在服务上，尤其是涉及多个组织和地点的复杂情况，就很难提供正确的信息。服务的设计比产品的设计复杂得多。

服务系统

许多服务既是社会性的也是复杂的系统。很多服务都是由一些庞大组织所提供的，这些组织分布于完全不同的地理位置。组织中的不同部分之间相互不理解或不能很好地沟通是很常见的。而且许多服务涉及不同的组织，在它们之间进行沟通是非常困难的。

找到服务中的复杂性是很容易的：想想每一次与政府机构的互动。那里有很多潜在的困难来源，从与政府雇员的互动开始，必须遵循的一系列复杂的规章制度，必须填写的复杂表格，然后是被请求从一个办公室移到另一个办公室，或一个代理处到另一个代理处期间造成的无法逾越的延迟。

即使每个人都是乐于助人和友好的，但伴随着所有部分之间困难而复杂的联络，还是会令人沮丧。

解决服务的复杂性的唯一方法是，将它们当作系统，把全部体验作为一个整体来设计。如果每个部分都被孤立地来设计，最终结果就是各个独立的部分不能够很好地配合在一起。来看几个例子。

美国铁路公司的阿西乐快线（The Acela Express Amtrak Train）

戴维·凯利（David Kelley），美国著名的设计公司IDEO的三个创始人之一，自豪地告诉我他的公司如何处理来自美国铁路公司的要求，该公司要求他们重新设计其铁路客车的内饰。美国铁路公司想要推出新的高速铁路线“阿西乐快线”，从华盛顿沿着美国东海岸一路向北到波士顿。美国铁路公司要求设计公司提交重新设计的列车内饰的提案，想以此来吸引更多的乘客。

IDEO的反应是说“不”。顺便说一下，这是设计公司的特点。IDEO正在推行被设计师称作“设计思维”的概念，这意味着，在处理所有其他事情之前，首先要从确定什么是真正的问题开始。我经常这样解释它：永远不要解决客户要求你解决的问题。为什么？因为客户通常只是对症状做出反应，而设计师的首要工作，经常也是整个任务中最难的部分，就是发现潜在的问题是什么，有什么问题是真正需要解决的。我们称此为“寻找问题根源”。

在火车服务的案例中，因为乘客和非乘客同样都抱怨乘坐体验，美国铁路公司认为这意味着列车内饰需要重新设计。这种说法是试图解决症状，而不是寻找根源。适当的解决方案需要一个系统的方法，而不只是重新设计很多部分中的一个，如列车内饰。美国铁路公司基于他们的信任，同意这一分析并认可做一个彻底的关于全部服务体验的概念重构，这也是IDEO

乐于去做的事。

IDEO 和其合作伙伴——奥本海默（Oppenheimer）、公司品牌顾问和斯迪尔凯思公司（Steelcase），建议美国铁路公司把旅行体验作为一个综合系统来对待，从决定乘火车而不是乘飞机或汽车的决定开始，然后继续通过旅行中的所有阶段：购买车票、出发和抵达时在车站的体验，以及在火车上的体验。他们发现了火车服务的 10 个步骤：

了解路线、时间表、价格

计划

开始

进站

购票

等待

上车

乘车

抵达

继续这段旅程（火车站通常不是一位旅行者的最终目标）

10 个步骤中的每一个步骤都被认为是一个设计的机会：每个步骤对整体的成功都至关重要。请注意原来的设计要求只是为了其中的一个步骤——乘车的体验，只是整个系统中的一个部分。IDEO 及其设计伙伴明智地重新设计了整个系统，从网站到候车室到客车和餐车的内饰。他们重新设计了火车站的信息亭，甚至是工作人员的制服。设计团队包含多种学科，包括人机工程学专家、环境学专家、工业设计专家和品牌专家。其结果是人们对火车的体验有了非常成功的转变。重新设计增加了乘客的数量，并创造出了在全美国最受欢迎的火车线路。

苹果的 iPod 音乐服务

便携式音乐播放器是一种很受欢迎的产品。携带着一个含有成百上千首你最喜欢的乐曲的小型设备，可以满足听众随时随地的需要。自从第一个使用盒式磁带录音机的便携式音乐播放器在 20 世纪 70 年代被开发出来，便携式音乐播放器就革新了人们听音乐的方式。在此领域的第一次重大成功是索尼于 1979 年上市的随身听。

在计算机革命时期，随着微型处理器和大容量内存系统的出现，以及互联网商务和压缩系统使录制的音乐文件的容量变小，为 20 世纪 90 年代中的下一个革命打好了基础。现在，电子播放器比随身听更加小巧，更易于携带，此外，每个播放器还可以存储成千上万的歌曲，这是前所未有的。影响这些设备成功的第一个障碍是没有明确的合法途径来取得音乐。虽然法律上允许先购买音乐，然后复制一份到自己个人的音乐播放器中，但传播这个音乐是不被允许的。第二个障碍是把音乐转入设备中所需的复杂步骤：复制、压缩，而且对普通人来说，把音乐转移到播放器中是项令人畏惧的任务。

当苹果进入这个产品市场时，它创建了音乐发行的一场革命。很快，苹果不仅占据了数字音乐播放器销售的支配领域，也改变了音乐公司对他们的产品的看法。每个人都认为苹果通过其对设备的卓越设计——于 2001 年推出的 iPod，掌控了音乐播放器业务领域。不，虽然 iPod 的确是优秀的产品，却不是苹果公司成功的秘诀。真正的秘诀是他们明白核心问题并不只是产品的设计：而是要对寻找、购买、播放音乐，以及克服法律问题的整个系统进行简化。请注意，在当时，许多公司早已经在销售数字音乐播放器了，其中一些产品相当有吸引力并且功能强大。但是，这些都是孤立的产品。大多数音乐都不能合法地在这些设备上使用。获取音乐到自己的电脑上，然后传到播放器上的过程需要人工操作，这对一般人来说都太复杂了，所以很多人不会或不愿意去这么做。根本问题就是把所有部分综合成一个整体的体验，如同火车的体验，本系统具有多个阶段：

获取音乐制造商的许可协议（使获取音乐合法化）

浏览音乐商店找到所需的音乐

购买

传送步骤1：把音乐传入自己的个人电脑中

传送步骤2：把音乐传入音乐播放器中

音乐库的同步和共享

听音乐

一个数字版权管理系统（DRM）

鼓励其他公司制造附加设备，如外置扬声器等

控制零售环境

一个商标和许可证策划案

苹果把iPod作为一项服务，而不是孤立的产品。因此他们努力地确保各个阶段都顺畅地进行，以达到极佳的用户体验。做个简单总结：苹果公司是第一家以合理的价格来对每首歌曲的音乐合法授权进行谈判的公司；其次，他们设计了一个网站和配套的电脑应用程序，使人们可以浏览音乐、搜索和试听新的作品，充满趣味，令人愉快；第三，苹果使购买过程变得轻松，把所购买的音乐下载到个人电脑上也毫不费力。

苹果还对iPod系统进行了设计，使得在iPod连接到电脑上时，可以轻而易举地把文件传输到iPod上。最后，苹果对它的音乐播放器iPod的设计非常出色：用它在电脑上听音乐，或通过联网的电脑甚至家庭影音电视系统进行流式传输都很容易。

在服务刚开始的时候，音乐销售商担心人们会把音乐自由地相互转移而不付费，所以他们坚持使用数字版权管理系统来防止这种行为。苹果遵

守了，但它限制了数字版权管理系统的授权，使其售出的音乐只能在苹果的设备上播放，确保了被销售人员称为“锁定”的概念：从苹果购买的歌曲量越大，被“锁定”而继续使用苹果产品的人越多。庞大的音乐库无法在其他公司的设备上播放（除非他们从苹果取得了数字版权管理的授权，但这是很罕见的）。数字版权管理的问题仍然是一个持久的问题，然而不仅仅是音乐，而是所有的媒体，如电影、视频和书籍。媒体公司正在研究各种不同的可能性，来保护其所有权，但又不像早期的做法那样有那么多限制性，苹果公司也已经放松了相关的限制条件。

后来，苹果开发了一个系统，鼓励其他公司开发附件设备，如扬声器系统，通过汽车音响系统播放音乐的附件等，附件设备增强了 iPod 的功能，将其转化为秒表、声音录制设备和存储设备。所有这些都经过苹果的授权，苹果因此获得销售佣金（版税）：一种无风险的收入来源。

苹果将整个成就视为一个无缝系统，甚至是那个盒子的设计，也就是实体设备的包装盒，也堪称典范。许多公司试图节省包装费用：苹果额外多花了不少钱，把包装视为另一个为客户提供迷人的、令人愉快的体验的机会。苹果懂得用户体验就是从打开那个盒子开始，所以这个过程应该具有与其他体验同样令人兴奋和愉快的感受。

故事随着时间发展开来，苹果扩大了它产品系列的范围，包括手机、便携式电脑和显示屏，以及其他和电脑、电话、照相机、视频和音响系统连接的设备。虽然整个产品系列远远超过了音乐设备，扩展到了管理照片、视频、电影、游戏、报纸、杂志、书籍和其他媒体的设备，然而所有这些都遵循了系统设计的观点。物理结构、性能和设备的名称都已经更改了好几次，但使整个系统“无缝”和“轻松”这一基本理念经受住了考验。随着商业环境的变化，苹果不断更新着产品，但它仍然擅长于三件事：

建立紧密结合的系统，而不是孤立的产品

认识到系统的优劣只取决于其最薄弱的环节

为全部的体验做设计

系统化思维：这就是服务成功的秘诀——不论是迪士尼主题公园、苹果的服务、网飞（Netflix）公司的电影服务、联邦快递（FedEx）或UPS的快递服务，再或者亚马逊网站上的购物服务——因为这些公司设计了整个系统，当客户的订单或申请通过后台操作时，这些公司在服务过程中不断地告知客户他们每个步骤的进展，始终对运输和交货时间进行估算，允许客户对订单的任何细节进行修改，并确保整个体验从客户的角度来看都控制得很好。幕后的操作顺利而有效——这是操作人员的职责，还经常会使用精密的数学和计算机模拟工具，以确保最佳的效率。甚至是枯燥而老套地把包裹从一个地点运送到另一个地点的操作，通过适当的提醒来保持与客户的信息沟通，也可以将其变成积极的体验。好的系统设计把整个过程都当作一个以人为本的、善于交际的系统。

服务蓝图

服务是复杂的系统，其中会发生许多交互。不仅是对与服务发生互动的人来说很难理解，甚至对服务提供商来说也难以理解。服务设计师努力地克服这一复杂性的问题，试图找到一种解决所有这些冲突的方法。在20世纪80年代初期，琳恩·肖斯塔克（Lynn Shostack）——美国信孚银行（Bankers Trust）的高级副总裁，提出了一种通过被她称为“服务蓝图”的流程来同时显示时间进程和互动深度的方法。我会借用IBM的研究科学家苏珊·斯普拉里根（Susan Spraragen）最近的出版物来示范一下它是如何工作的，如图6.2。

除了时间序列和操作的深度这两个维度外，苏珊·斯普拉里根改编了蓝图以捕获客户的情绪状态，如图6.3所示。通过添加客户对服务蓝图的反应，斯普拉里根的图表显示了体验的全部影响。她称这些图表为“有表

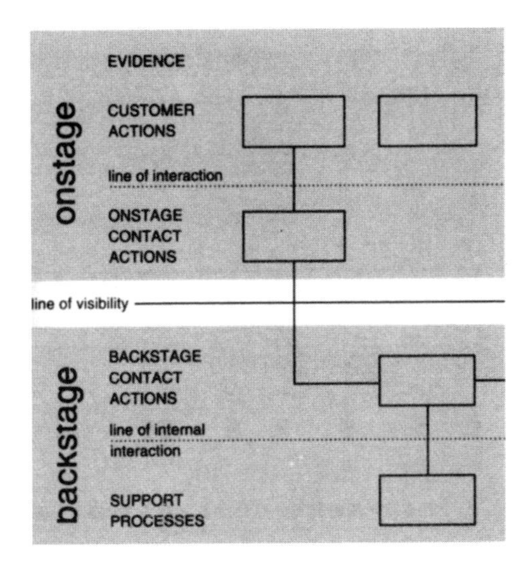

图6.2
基本的服务蓝图。水平的“可见性线”区分开了前台（在此图中称为台面上）和后台操作。垂直的标注代表着所有参与进来的组织部分（在后台中的），加上与客户有关的所有部分（在台面上的）。水平轴表示进程按顺序通过的阶段序列，伴随着从左到右的时间流。资料来源：斯普拉里根和陈，2009年。

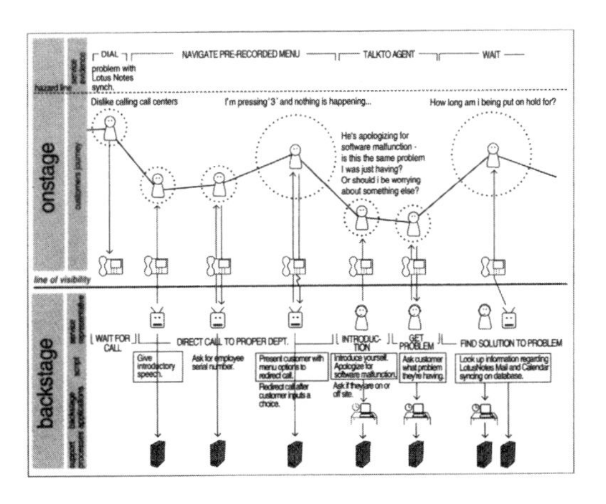

图6.3
一个有表情的服务蓝图。这种方案显示了客户通过电脑应用程序来呼叫服务台的帮助。图标周围的“泡沫”表示客户表现出的挫折感程度：“泡沫”越大表示挫折感越强。（请注意在图表的最后客户被要求等待和待机的步骤。）客户在页面上的垂直位置表示客户对所提供的服务的满意程度：离可见性线的距离越近，客户感觉越亲近。最后，客户的想法会通过文字表示出来。资料来源：斯普拉里根和陈，2009年。

情的服务蓝图”。

所有的这些描述客户体验的尝试都是制定适当的服务架构的重要工具，但它们都没有掌握全部的复杂性。我们需要把工作人员的情绪状态也包含进来，像那些客户的情绪状态一样，我们需要更详细地显示后台操作。而且这些图表都没有指出我们该如何向客户（或者在这方面，向公司的工作人员）解释究竟发生了什么。

尽管如此，蓝图还是能提供出适当的模型。也许可以向客户和工作人员展示一个简化的蓝图，精确地显示出每个交易的什么阶段已经完成，目前是在进程中的哪个部分，并指示出还需要完成哪些步骤。

当一切都很顺利时，提供一个良好的客户体验并不难。但当需求和服务机构都很复杂的时候，事情就很容易出错。也许是信息不完整，也许是关键人物缺席，也许是系统需要等待某些部分、授权或另一个重要的事项。设计中困难的部分是要确保在面对意想不到的困难时也能工作得很好。除非我们能够提供反馈和概念模型，否则我们无法提供出色的客户体验。

对体验进行设计

“如果你走进一家好的酒店，提出一个要求，你就会被满足……如果你走进一家极好的酒店，你甚至不需要提出要求。”丽思卡尔顿酒店（The Ritz-Carlton hotel chain）的哲学——他们想要做极好的酒店。

——保罗·汉普（Paul Hemp，2002 年）

对客户或职员个体而言，服务往往是一个体验。这意味着，服务者必须对职员的幸福感和舒适感给予重视，就像对客户的感受一样。有关这种看法的最有趣的例子之一发生在一个世纪以前，阐述了有效的服务设计的秘诀是基于对人的管理，而非技术。

在 19 世纪晚期和 20 世纪初，当横贯整个美国大陆的客运服务才刚刚开始时，弗雷德·哈维（Fred Harvey）在美国西部开了一家连锁酒店，目标是为横贯大陆的列车乘客提供餐厅及旅馆服务。列车会定期地停下来为蒸汽机补充煤与水，并让乘客能走出去舒展一下。哈维意识到这提供了一个开酒店的机会，在列车停靠的地方开酒店，为整列火车的乘客在他们被允许短暂停留的范围内提供有效率的服务。虽然哈维的确会评估他的员工工作所花的时间，但他也一直注意他的服务人员与客户之间互动的细节。他的商业帝国持续了约 75 年，在芝加哥和旧金山之间有 65 家酒店，每年提供超过 1 500 万份食物。这个成功者的故事的秘诀是严格注重细节和对职员培训的关注。

“没有人会记得你是从左侧还是从右侧来对客人进行服务的，”酒店人力资源总监约翰·柯林斯（John Collins）说道，“但他们一定知道并会记得服务是否是真诚的，你是否真正喜欢为人服务。他们能够感觉到你是不是被强迫微笑的。”丽思卡尔顿酒店的工作人员有权在客人有需要时做出打破规则的决定，为客人提供额外的项目，并始终为意外的需求做好准备。如果某一个客人订了咖啡或酒，多思考一下：可能会有其他人在房间里吗？带上额外的咖啡杯或酒杯。汉普写道，他一直认为这些小事情被过度关注了，直到有一次他收到咖啡订单后带着一个咖啡杯上去时，却发现房间里有两个人。

这种模范服务是不能装模作样的：工作人员必须信仰它。这意味着，必须对职员的需求给予和对客户需求一样的重视。工作人员得到很好的对待，得到持续的考察，互相帮助的意识得到加强，在需要协助客人时能够独立采取行动的能力会让他们每个人都会为在那里工作而感到自豪。如果工作人员都受过移情作用的训练，并为客人提供愉快的体验，他们最终将因他们的工作成果而相当愉悦。

丽思卡尔顿酒店的花费是非常昂贵的。我的商业系学生总是立即批判这项研究，认为它反映的是有利可图的奢侈品市场。他们认为，正常的公司负担不起这种如此详细地关注客户和员工的福利所产生的额外成本。我不同意这个观点。

网站也是服务性的，因此也会有同样的经验教训。某些网站意识到，重复到访的访客会给出一些有用的建议，但却是以一种非介入式的方式。网站有很多特殊的功能，使他们从个人的和物理的互动中区别开来。可能有数以百万计的人在使用网站，拥有各种各样的需求和对所提供服务的不同理解。出于某种原因，网站必须能够迎合每一个人的需求，但同时不能够降低用户体验。对一家公司真正的考验是如何对批评做出反应，尤其是当它的一些行动激怒了许多客户时，这就是针对社交能力的真正考验：当事情出错的时候怎么办。

一些便宜的酒店通过一些也让人非常欣赏但却不需要增加额外成本的方法来照顾客户。举个例子，“俱乐部会所”（Club Quarters）连锁型酒店是为商务人士服务的（其客户必须是会员：美国西北大学为我提供了访问权）。价格低廉，服务也是最低限度的。例如，那里通常只有一个人在楼下的大厅：客户通过把信用卡插入一台机器并接收他们的房间钥匙来自助登记入住酒店，客户退房时也采用同样的方式：不需要人与人之间的互动。这一点被当作一项特色来宣传：“即时入住/退房”。客房服务也是最低限度的，但每个房间都有附近的可以为房间提供食物的餐馆清单，每层的小厨房里也备有充足的额外的咖啡、香皂、洗发水，以及客人可能会需要的日常用品：任何人都可以免费使用它们。最后，每家酒店都位于整个美国（和英国）的主要商业城市的中心，并提供免费上网服务、一张不错的书桌、灯光和电源接口，这些都是商务旅行者所需要的。所有这些自助服务省去了一个要在大厅里提供帮助性建议并处理问题的服务员。没有浮华的设施，没有花哨的服务，但对于繁忙的商务人士来说，通常都没有需要或时间来享受那些昂贵的酒店设施。俱乐部会所酒店展示了对客户提供的关怀和照顾可以不需要多高的成本。

对所有的服务而言，总是有添加新功能的诱惑，将其添加到为客户提供的选项中，但却是以不断增加复杂性为代价的。网飞公司——一家电影租赁服务公司，拥有一个特别杰出的网站，他们决定让客户有很多选项的列表，每个客户都有一长串电影等着要看。网飞公司只允许每个客户在同一时间拥有固定数量的影片，但不限制时间。每返回一部电影后，队列中的下一个影片就会被邮寄出来。每个客户都有一个个人档案，列举出他们特别喜欢和不喜欢的（每看完一部电影，客户就会被要求给出一个评价等级）。网飞公司意识到许多客户的账户是由几个人同时使用的，比如家庭成员和室友，因此他们添加了一项功能，允许一个账户可以拥有多个个人档案。过了一阵子，网飞公司认为这项功能增加的复杂性超过了其增加的价值，所以他们宣布将会停止该项服务，声明：

> 请了解驱动我们的动机完全是要使我们的服务尽量简单并易于使用。太多的成员发现这项功能难以理解，而且，他们还不得不连续进出网站，显得十分烦琐。

令网飞公司非常吃惊的是，许多客户提出反对，都直接针对网飞公司，并出现在互联网上的很多讨论组中。11 天后公司恢复了该项服务：

> 由于我们一直希望我们的网站更易于使用，因为我们认为去掉那项只有极少数人使用的功能将帮助我们为大多数人改善网站。在听取了会员的意见后，我们意识到使用此功能的用户已经把它当作网飞体验必不可少的一部分。简便只是一种优点，但它不会比实用更重要。

客户都非常高兴。有一个人这么说：

> 我上周对网飞公司的厌恶感完全被一贯的满意和好感所取代了，因为这是个足够尊重用户并听取他们需求的公司。谢谢你，网飞！

许多研究表明了在出现一个错误后有效挽回的重要性。有研究表明，适当地纠正错误的公司可能比从不犯错的公司受欢迎。这一结果是有争议的，一些最新的、精心管理的研究似乎不确定这一观点。尽管如此，所有的研究都表明了，承认自己的错误并立即做出改正的公司相比那些隐瞒或拒绝承认错误的公司更容易受到肯定。一个错误，不论是工作不正常的产品，或是如网飞公司那样做出一项决定后又收回，都会给公司一个机会来证明它是多么关心它的客户，它多么用心地倾听，还有它多么真诚地纠正它的错误。服务是关于体验的，行动是重要的，但是真诚、诚实、对个体的关注也会产生很大的影响。

创建一种愉快的外在体验：华盛顿互惠银行

华盛顿互惠银行（The Washington Mutual Bank），一个在美国到处都有分行，为他们办公室的楼层格局和设计都注册了专利的银行（图6.4）。虽然有些人声称这是愚蠢的专利，只是专利制度饱受诟病的另一个例子，但我的兴趣并不是它的合法性问题，而是它表现出的该公司考虑事情的优先级：改善客户处理银行业务的体验。无论该专利是否有效，很显然华盛顿互惠银行了解客户体验的重要性。

图6.4显示的是华盛顿互惠银行位于伊利诺伊州埃文斯顿离我家不远的办公室。没有长长的柜台作为客户与银行工作人员之间的间隔，没有长长的排队等待线和不友好的室内装饰。相反，客户一进入银行就被门卫人员迎接并直接被引导到柜台岛上，一位银行代表将会在那里帮助他们。儿童游乐区域就在不远处（在图6.4的中上部分可以看到）。

图6.4
华盛顿互惠银行的设计（已注册专利）。它跟你常见的银行不同：有独立的“柜台岛”用来与银行员工进行互动，电线被很好地隐藏起来，没有排队等待线，很友好的室内设计，还有一个专门的儿童游乐区域。

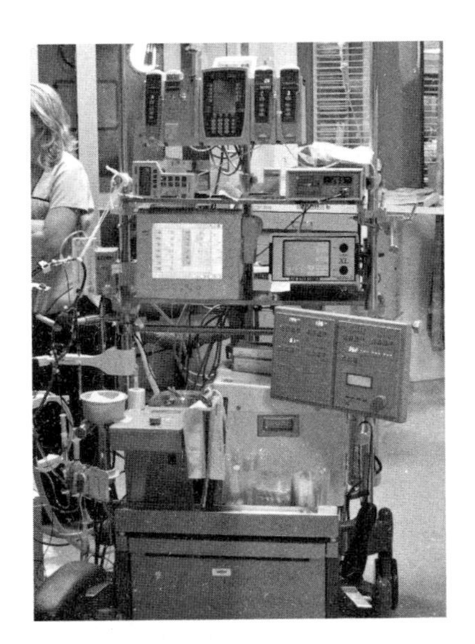

图6.5
医院里充斥着测量仪器。一个典型的患者病房，充满了仪器，有很多都带有互不相干的读数和控制器，还有很多必须手动记录测量数据，所有这些仪器都造成含有大量数字的医疗记录，掩盖了患者作为一个人的身份。

请注意银行职员和客户之间的交互方式。与用柜台或书桌做屏障把两个人分隔开来不同，在这里两个人站一起，共同查看交易事务。在传统的银行里，一切都似乎遮遮掩掩，银行职员通过隐蔽的屏幕来查看客户的账户信息，但从客户的角度是看不到信息的。在图6.4的情况下，两者是在一起查看相同的屏幕，这对整个体验过程做出了显著的改变，不像在普通银行里面感受到的那样，面对着一个不可名状的、伴随着隐藏的、秘密数据的官僚机构，在这里，员工和客户都在享受一种合作的、友好交际的互动感受。

不幸的是华盛顿互惠银行已经不存在了。它在2009年经济危机期间倒闭并被摩根大通银行（JPMorgan Chase Bank）收购，摩根大通宣布将不再使用楼层布局设计，为什么呢？因为华盛顿互惠银行的服务对象的个人投资者，对于这些客户，由一个新颖的银行设计提供出个性化的、非正式的客户关注是适当的和非常有效的：业务因此得到蓬勃的发展。摩根大通银行主要面向的是商业客户和大宗客户，并向富人提供私人银行服务。华盛顿互惠银行的设计无法提供这些客户所需的私人的、保密的讨论。所以，回到传统的银行布局，银行职员通过柜台和防弹玻璃与客户隔离开来。退回到传统习惯可能是适合于摩根大通银行业务需求的，但它对我们这些普通的银行客户来说是创新的、有效的、善于交际的设计，这种放弃很让人遗憾。不过，其他一些银行已经开始引入类似的设计了。

同时为工作人员和客户而考虑对服务的设计是很有必要的。愉快的员工会促成与客户热情和礼貌的互动。华盛顿互惠银行了解这方面的重要性，我在跟银行的工作人员交谈时发现，他们都很喜欢他们银行的布局。他们向我展示了每个区域，并举例说明每一处都是如何运作的。他们让我从我的账户里取1美元，这样他们可以展示钱是如何以安全有效的方式，根据每个请求从机器上自动处理的。这使客户感到轻松，但会使窃贼感到非常困难。员工们很积极地向我展示每一个细节，很明显他们为他们工作的地方感到无比的骄傲。当我征求拍照许可时，他们不得不挤在一起讨论了一会儿来做决定（这里有明显的安全风险，拍照的人有可能会是潜在的窃贼），但这也很明显地显示出他们为在这里工作感到自豪，一个作家（这是我对自己的介绍）也想要写一写这里。总而言之，银行看起来对员工和客户都很好，从他们与客户互动的方式就可以看出这一点。

华盛顿互惠银行改变了通常与银行的老套、行政管理式的互动，把它变成了友好交际的体验：服务的设计可以是善于交际的。

像设计工厂一样设计服务

考虑一下从工厂设计中可以学到什么。一个高效的工厂经营，除了常见的事情外，还需要库存和瓶颈的管理。“库存”是什么？它是一个缓冲区，一个等待进行处理的物品的队列。在商店里，库存就是等待被购买的物品。“瓶颈”是什么？这个名称来源于对细颈瓶子的描述，狭窄的部分可以自动限制一次性涌出的液体总量。在一家工厂里，“瓶颈”就是指某处物资的流动被限制住，使得物资被堆放在“瓶颈”后面，形成一个队列。瓶颈通常是由资源的缺乏而导致的：在瓶子里，这种现象的产生是由于颈部（被人为地）变窄。在工厂里，瓶颈是由某个机器或某些工人跟不上行动的步伐而引起的。瓶颈就是当收银员不足以应付客户的数量，或是当没有足够的出租车供所有等车的人使用，或是当高速公路的规模不够大，不足以满足运载需求时的结果。

很多瓶颈是容易理解的，但却不一定容易解决。通常情况下，消除瓶颈需要更多的资源。但添加更多的资源可能代价昂贵，尤其是如果需要添加更多的人、设备，或是高速公路上需要更多行车道的时候。管理专家和工程师们花费了相当大的努力试图开发出减少瓶颈和提高效率的手段，在这一主题上，有很多工作是在运营管理工作的学术范畴内完成的。有些问题可以通过简单地将工作流程重新调整来解决，有些可以通过开发出更有效的流程来使问题最小化，但有些问题则是非常复杂的。

传统的服务设计旨在提高效率和降低成本。我们来考虑一下医疗保健诊所的候诊室。候诊室就是一个队列，从医院管理员的角度来看，患者的队列是满足需要的。毕竟，医院必须为他们的医生和工作人员支付工资，必须支付那些昂贵设备的保养费用。候诊室里充满了患者，设备和核磁共振扫描仪再也不会被闲置，医生、护士和技术人员也不必浪费宝贵的时间去等待患者。但从患者的角度来看，充满候诊室的最好是医生。而急诊室又如何呢？在这里，时间是宝贵的，所以天平倾斜到了有利于患者的这边。在我对医院的研究过程中，我曾经看到过一个急救室，基本上就是一间充满了医务人员的候诊室：在等待新的紧急情况时，医生和工作人员在聊天，检查他们的电子邮件，忙于个人事务。然而，这是一种罕见的现象，医生们表示这对他们来说是极不寻常的情况。

有许多类型的工厂车间，一个极端是加工车间，在那里所有的东西都是定制的。另一种是装配生产线，那里是源源不断地执行重复操作的地方。在加工车间里，机器是按照其类型来安排的：所有铣床在这里，锻压机在那里。在装配生产线里，工厂是按照使产品的流程更有效率的原则来安排机器，以使每个机器都安放在要接收部件的上一个机器的旁边。一个冲压机会被放在电焊机旁边，电焊机的旁边是螺栓装配机。出错的情况很少，质量很高，因为当出现错误时，问题根源可以很快被找出并马上被解决。

加工车间不能根据工作流程来安排机器，是因为每一项工作都是不同的，每项工作跟上一项工作相比都需要截然不同的工作流程。由于需求的不断变化，所以加工车间需要很长的准备和清理时间，而且其工作本身就是缓慢的，通常是通过手动来完成，每个案例也都很特别。在装配生产线的情况则刚好相反：准备时间较短，工作很有效率，很少或是甚至不需要清理。加工车间在多变的质量要求中可能会有很高的出错率，当每项工作都不同的时候，从一项工作中吸取的经验很可能不适用于另一项工作。

许多服务都像加工车间一样。例如餐厅，基本上就安排得跟加工车间一样：每个订单可能都会跟以前不同，尽管订单品种受到菜单的数量限制，但其排列组合的数量仍然是庞大的。快餐店走的是另一条路，通常都按照装配生产线的方式来运营，每一种食品都经过仔细的测算和规范，并以严格一致的方式来操作，尽可能做到自动化。医院属于加工车间这一类，就连医院的建筑物也被设计得像加工车间一样，按照要执行的程序类型来组织和安排，实验室测试是在医院的一个部门里完成，X射线透视和扫描是在另一个部门里进行。医院的病房也按照所需的程序分隔开来。每个医疗专业都位于建筑物的不同部分里，即使他们必须作为一个团队在一起工作。患者则是前前后后穿梭往返着的。这些都造成了较高的准备成本，手工操作，较慢的工作速度（受到频繁出错的影响）。

企业寻求的是赢利能力，这是很容易理解的，因为不管你有多好的产品或服务，不断损失金钱的话企业就无法支撑下去。现代管理学倾向于关注数据衡量，表示只有通过数据衡量，工作进度才能被监控和维护起来。

“如果你无法衡量它，你就无法改进它”，这个理念在科技和管理中都得到众多的支持。数据衡量成为了一个用来提高效率的强大工具，但明智的做法是不要让数据衡量的影响力超过了对重要问题的分析。落实到人身上，并非一切我们认为重要的事物都是可以进行数据衡量的。从另一方面看，很多我们所知道的不重要的事物反而是很容易进行数据衡量的。不幸的是，对数据衡量的需求经常超过了对数据重要性的考虑。在教育体系中，很容易针对学生给出测试并总结出数据或文字的评估，这些评估结果与生活成就的关联性是微不足道的，即便如此，我们却依然执着于数据化的评估。

数据占据了主导地位。科学家测量他们可以测量的东西，然后宣布那些剩下的部分都不重要。生活中最重要的部分是定性的，但我们仍然执着于数据衡量和记录。我参考了一下现代医学，尤其是在医院方面。在医学方面，已经达到了有太多东西要进行数据衡量，太多东西要去记录，而没有多少时间是留给患者的情况了。

医院的治疗

在早上6点30分，我和一群出奇清醒的医生和护士们，在医院的儿科护理病房进行着大规模的会诊，这里是美国最好的医院之一。我是国家科学院研究组的一员，着眼于将信息技术应用于健康护理。这家医院是这方面的先驱：我看到到处都有电脑。

我最近花了很多时间待在医院里，当然不是作为患者，而是作为观察员——跟着医生和护士去巡诊，看患者得到确诊，护士换班，药剂师填写处方（在这些大医院里，他们每年填写上百万份处方，始终需要注意避免药物的交叉反应和误用），然后看着护士提供指定好的药物给患者，用条形码读取器扫描处方、药物和患者的手环。

我们在大厅里走向第一组患者。我们是相当大的一群人：主治医师和5个驻院医生（美国医生开始从业的前3～5年的职称）、正在完成训练最后阶段的医生，加上一到两个护士，然后是研究团队的几个成员，包括我在内。主治医生既负责患者的治疗也负责对驻院医生进行监督。每个驻院医生都推着一台电脑推车在他们面前，许多地方把它们叫作“COW”，就是“轮子上的电脑”（computer on wheels），但有一所医院解释说他们已经把名字改为“WOW”，即“轮子上的工作站”（workstation on wheels），因为有一位女性患者听到医生们在她的病房外讨论时提到了“the COW”（发音同英文“母牛”），因此而误解医生们称她为“母牛”。电脑推车的架子很高，以使电脑屏幕和键盘所处的高度适合于站立的人来阅读和打字，电脑本身和电池则位于整套设备的底部。5台电脑推车，加上一个由护士推着的存放文件的大文件柜，再加上我们，我们占用了很大的空间。每当我们停在某个患者的门口检查工作进展时，驻院医生就会扫一眼他们电脑屏幕上显示的窗口和汇总状态："钙水平是正常的，蛋白数量偏低。"通过电脑，每个驻院医生都掌握患者来自不同实验室的检测结果。

患者是一串数字。而且，这些数字不是根据症状或诊断情况整理出来的：它们是根据所进行过的检查，由医院里的实验室处理过的数据整理出来的。当前的结果存在于患者不同的历史记录中，不同的医院会有不同的实验室，因此其结果将会以不同的方式整理出来。但主治医生、驻院医生和护士都能够从所有这些数字中整合出患者的状况，他们是这方面的专家。

医院是一个复杂的地方，多种多样的操作必须彼此顺利交互。问题出现在交互界面上——任何界面，无论是人与机器、人与人、组织单位和组织单位。来考虑一下为患者找一张病床的问题，在一个充满人和电脑屏幕，伴随着图纸表格的屋子里，这是另一项让我满怀兴趣地去观察的活动。你也许认为当患者被确诊，或从急救室、重症监护室、产房、手术室或康复室里出来后（医院里充斥着各种各样的专门为患者准备的特殊地方），他们将简单地被送到任何空着的病床上，但这是错误的：病床的分配由那里的一项专门服务来负责，有其他的一些注意事项，我们又有了一个界面，又是一个复杂的来源。

在我所在的研究团队中，考虑到电脑在医学中的作用时，一名医生告诉我们她在内科实习时只被允许用 15 分钟去照看她的每一名患者，但她却需要长达 20 分钟去填写她们的医学信息电脑系统所需的所有信息。她不得不逼迫自己去照看真正的患者并与其进行互动。根据美国范德堡大学医学中心（the Vanderbilt University Medical Center）的统计，护士只花了 1/3 的时间在直接护理患者上，剩下 2/3 的时间的一半都花在建立文档和药物治疗的记录上。

患者在哪里

“真有趣。”我在走进一个充满了显示器的房间时对自己说。那儿有许多输液泵、电脑读数器和监视器。整个房间充满了显示读数的红灯和电脑屏幕上灰白色的图形。“有趣，”我说，“你们把所有这些显示器集中到了一个地方，这样你们就可以看到所有患者的情况。”

“不是的，”一个医生说道，“你是什么意思?”

“那么患者在哪里?”我问道，预计医生会告诉我他们在隔壁的房间里。

“就在那儿，”医生说，显然对我的问题感到疑惑，“在房间里，就在你的面前。”

我凑近了仔细地观察，仍然看不到患者。一个护士走过去指了一下。“哦。”我说道。

那里有太多的医疗设备，太多的读数显示和显示屏，我甚至看不到患者了。这里是婴儿病房，因此这一类患者个头都很小，但即便如此，这也是个很好的有关现代医学的例子：从医生的角度来看，患者相当于是一组测试结果和数值的读数。患者作为一个人的身份差不多被遗忘了。

随后我在不同的医院不同的病房又看到这些，主治医生站在患者的门外听取所有驻院医生对测试结果的审核，他们会讨论这些测试结果并提出进一步的建议，之后，当我们所有人准备离开往下一个患者门前走去时，主治医生会敲开门，把头探进去问道：“你今天感觉怎么样，福布斯先生?”这就是与患者的互动程度。

在所有的这一切里，患者在哪里？被忘记了。不仅如此，所有的检测设备很可能还是非常有害的。来看一下医学杂志《新生儿协作网》中的摘录：

> 新生儿重症监护病房（NICU）的环境往往是嘈杂的，由于医院经常会使用呼吸机及其他机械设备，使用监控报警器，还有工作人员的对话和走动等。早产的婴儿不能忽视正常的背景噪音，暴露于高分贝的声音中会造成情绪紧张，并可能会破坏其正常的大脑发育……
>
> 这些结果证实了新生儿重症监护病房往往比理想的环境嘈杂，并表明新生儿即使转入被认为是有益无害的新生儿重症监护病房，仍然需要考虑其整体噪声水平对他们健康的影响。

患者是数字，是数字读数，是测试结果。所有这些测试都造成了很高的代价：注意力被集中到了测试上，而不是患者身上，房间里挤满了设备，通常来自于不同的厂家，使用不同的交互方式，引起错误（这经常会归咎于护士，而不是各种各样的设计缺陷和不协调因素），而由此产生的噪音水平可能会对患者有害。医学水平越来越高了吗？是的，但这造成了多大的伤害呢？

服务设计的现状

据说日本人先用他们的眼睛吃，然后才用他们的嘴来吃。

> 一顿饭的外观和它的味道是同等重要的。
>
> ——日本民间谚语

我们对一个产品的整体体验远远超出了产品本身，这都与期望值有关：这取决于我们设置了什么样的期望值，当然还有期望值被满足了多少。这与我们预期的方式、使用的方式和对我们体验的反应有关。它与产品传达给那些拥有者和使用者的形象有关，与生产该产品的公司的形象有关，与产品周边的服务有关，与最初的广告、挑选和购买的体验、交付和初始安装的体验有关。它也与连续的使用和提供服务、维护和升级的公司之间的交互有关。换句话说，它涵盖了交互的各个方面，从最初的约定，到实际的体验，到公司这个关系维护的程度。

尽管产品设计已经得到了相当大的关注，对服务设计的研究却仍然处于初级阶段。其结果是，对服务设计的了解远比对产品设计的了解要少。而且，产品设计很有吸引力：很容易举办设计比赛，由公司来提交他们产品的漂亮照片，然后烦恼的评审员花费几天的时间尝试选出大奖的得主。我曾在这些比赛中当过评审员，尽管评审员们很想对一个产品的所有方面进行评判，但这是不可能的，有太多的产品，只有很少的时间。让一个评审员去评估上百件参赛作品（在我当评审员的一个比赛中有上千件参赛作品）的可行性和实用性是不可能的。于是，这些奖项主要反映了外观和一小部分产品功能方面的优秀程度，有时甚至那些产品根本就不能使用，就更不用说它们是否可能在市场上取得成功了。产品的外观才是活动的核心：只有它决定着奖项。

服务没有产品的那种魅力，在许多情况下，什么也看不见。服务设计是有关过程的——这意味着必须在行动中对它们进行分析。尽管许多公司由于他们的服务质量而成功或失败，但与产品相比，它们在服务研究方面的投资很少。这是个世界范围的问题，德国科隆的科隆国际设计学校（the Koln International School of Design in Cologne）认为对这方面缺乏关注的结果是导致功能低劣的系统出现：

> 缺乏功能性和杂乱无章在这个领域是很常见的：无休止的等待、不遵守约定、不友好、不可靠，从客户的角度来看日常服务就如同是在忍受各种手续的折磨，很荒谬。而服务供应商则抱怨客户过低的价格预期，不可靠的使用率和不积极服务的雇员。（来源于德国科隆国际设计学校的网站，服务设计中对程序的描写。）

在德国，在制造方面的研究与开发的人均投资总额大约是在服务方面的投资总额的 30 倍。虽然引用的文章来自德国，但这些问题是世界范围的。

服务界缺乏标准的情况反映了以下几个原因。第一，管理者经常把服务当成是理所当然的，而不注重对服务和组织机构的设计以及对员工的培训。第二，在现代痴迷于数据的管理文化中，被强调的重点是降低成本和提高任何可以测量的性能和效率。但服务面对的是人，这其中可以测量的通常是持续的时间和操作的数量，而不是客户或员工的满意度。

服务的重要性是众所周知的，有很多已发表的研究和书籍都谈及此事。快速浏览一下《美国市场营销协会》期刊系列［*American Marketing Association*，例如《营销期刊》（*Journal of Marketing*）］、《运营管理杂志》（*Journal of Operations Management*）、《麻省理工学院斯隆商学院管理评论》（*MIT Sloan Management Review*）或《哈佛商业评论》（*Harvard Business Review*），都能频繁地看到有关服务的研究。不过，在商业学校里很少有关于人性化服务设计这方面的研究，大多数对服务的研究都集中在运作效率，以及针对如何面对预期的客户数量而建立的优化费用开销的数学模型。结果，在服务体验方面，既缺乏针对被服务者的设计原则，也缺乏针对服务提供者的设计原则。

是的，服务是复杂的，但服务的宗旨是帮助人们，而且，它们是由人提供的。在对现代化和生产力的追逐中，我们往往会忽视人类体验的价值。对关键性参数的测量是很好的，它使我们能够专注于薄弱环节和变化的方向。但是我们不要忘记人为因素，我们要减少复杂性，要减少互动过程中的复杂程度。在通过测量对效率的追求中，我们不应忘记物理学家爱因斯坦的智慧，他说过：“并不是一切事物都可以用数字来计算，并且，不是所有能计算的事物都有价值。”

第七章

对等待的设计

图7.1
等待也许是生活中必须经历的事情，但是，这并不意味着我们享受这个过程。在机场里等待。上面的照片是在美国芝加哥的奥黑尔机场（O'Hare airport），下面的两张照片是在墨西哥坎昆（Cancun）机场。

排队等待是一个简单的现象，但是即便如此，它也可能演变到相当复杂的程度，因而可能伴随产生一系列混乱的、失望的情绪。无法解释的等待是令人讨厌的，不公平的等待则可能引发恼火。等待似乎经常象征着瓶颈正在出现，在它出现的地方往往有着更多的需求，而不是有着更充裕的服务。等待是复杂系统的副产品。

当一个系统向另外一个系统发送物体或者信息的时候，等待就会发生。无论这种交互是发生于两个机构、两个人、两个机器还是任意上述两者之间，情况都是一样的。如果接收系统先做好了准备，它就必须等待，直到下一个物体到达，如果接收系统还没有做好准备，则之前到达的物体则不得不等待直到它被处理。当物体在等待的时候，将会发生什么呢？必须要有能够承载它们的地方。

当很多人到达一个地方，已经超出了此处的承受范围时，就不得不有另外的一些方式去接待他们。如果人们排成一行，我们则称此为“排队等候”，如果人们聚成一堆，我们则称此为“拥挤”或者“聚众闹事”。在计算机系统中，我们在缓存中储存等待的信息；在商店中，在架子上等待被购买的商品则成为存货或者储备品。在医院里，患者则被安置在等候室里。一旦你开始寻找等待，它就无处不在，在书架上的图书，在储藏室里的食物还有任何大量储存的东西都是这样。有一个独立的学科是和这些处理排队等候、缓存以及存货的方法打交道的，这个被称为“精益生产”（lean manufacturing）的管理理念是特别设计用来使存货的数量最小化的。

排队等待的心理学

尽管从概念上来讲，排队等待是简单的，但是这却使我们的生活极大地复杂化。在队列中等待的人会迅速地产生一系列关于效率、公平，甚至这个队列本身性质的疑问。

当存在着很多条队列时，确定每条队列是做什么的就变得困难了。

在加入等待的队列中后，缺乏反馈将带来焦虑：大概要等多久？我会不会耽误我的下一个约会？万一我排到最后，却被告诉我排错或者我少带了东西，我该怎么办？为什么另外的一队移动起来比我的要快？为什么总有些人有特权去插队？为什么这么没有效率？

如果排队等待是不可避免的，那有没有办法可以降低其中的痛苦程度？尽管在运营管理层面有很多关于这一方面共享的实践知识，但是这方面的文章却少有发行。在戴维·梅斯特（David Maister）的《关于等待的心理学》（*The Psychology of Waiting Lines*）一书中就提供了一个经典的处理手法，书里作者建议了几个提升等待过程的愉悦感的原则。这些原则在1985年后更多地被人们所了解到。这一章节将本着梅斯特的原著精神，同时根据最新的调查结果做了一定程度的修订。

等待的长队在业务运营的领域是一个被仔细研究的课题，但研究的重点是在于效率的运算：尽可能节约成本来接待顾客的计划是什么？接待预期的顾客需要多少员工？类似的估算当然是必需的，但是他们忽略了人性的因素：顾客和员工之间的共同体验是什么？我的首要关注点是和体验相关的。

我们如何提升等待的体验？这是一个设计方面的问题，而作为答案的就是一系列设计的原则。基于最近在行为学和认知学领域进行的调研，我提出了6个设计原则。

排队等待的6个设计原则

1. 提供一个概念模型。
2. 使等待看起来合理。
3. 满足或者超越期待。

4. 让人们保持忙碌。

5. 公平。

6. 积极的开始，积极的结尾。

1. 提供一个概念模型

在所有的设计元素中也许最为关键的就是关于体验的概念模型。概念模型可以使令人迷惑的产品或者服务转变成条理清晰和可以理解的。在解决等待的问题上，它一样奏效。

环境必须能够提供足够清晰和明确的指示，表明每一个队列都是去做什么的，以及一旦排到了，需要准备什么样的信息或者资料。清晰的社会语义符号在这里就变得非常关键了，它需要一个优秀设计师所具备的所有技能：敏锐的观察能力，好的想法，出色的设计原型以及不断重复的观察、检验以及优化。

一个优秀的概念模型创造出期待以及辅助人们理解正在发生的事情。为了让模型生效，必须有简单的反馈。不确定性是导致激烈情绪的一个主要原因。一个优秀的模型外加上正确的反馈会从源头上消除人们的担忧。当问题产生时，人们需要的是一种信心，他们需要知道到底发生了什么，即使引发困难的来源还是未知的，这也会让人感到安心，这表明了至少负责人意识到了问题并且已经在进行处理。这么做的目的是通过提供保证和关注来尽可能降低不确定性。

对等待来说，医院是最糟糕的地方之一，焦虑的患者和家属处于一种没有着落的状态，经常待在一个枯燥、沉闷的环境中，助长了一种负面的焦虑情绪。下一步会发生什么？究竟有多严重？我们在这个屋子里还要等多久？有没有人可以给我们点儿信息？通常情况下，这些问题的回答都会是：“我们不知道，没人知道。”

时间的拖延以及信息的缺乏有很多合情合理的原因，因为事实上很多时候确实是没人知道。同样运营和法律方面的原因也可能会阻碍信息的传达，包括简单的医院员工的超负荷运转。但是一个主要的原因还是因为缺乏思考和恰当的设计。医院在设计过程中需要考虑很多因素：保险公司、所有者、行政管理、医生、护士还有员工，对了，还有患者。候诊室是为了患者的朋友和亲戚而设置的吗？是的，我们需要它们，所以它们被加了进来，但是，很少有医院会花费时间、精力和金钱去改善在这个阶段的患者及其家属和朋友的不确定性。

这个任务并不容易，医院员工是非常忙碌的，还抱有紧张的情绪，有对于用正确的方式去传达和解释这些复杂情况和对医疗状况的不确定性的担忧。医疗信息和记录同时也受到隐私限制的影响，从而限定了什么内容是可以告诉其他人的。在多数情况，出于对法律后果的担忧，医院员工会过度地诠释这些限制。这不是一个可以简单融入的环境，不是一个容易设计的简单状况。但是，很明显，这些体验可以被大幅度地提升。

2. 让等待看起来合理

当人们不得不忍受等待时，他们应该知道原因，而且他们应该认同等待是不可避免的，所以，他们必须等待就变成了合理的事。在这里反馈和解释起着作用，还有一个重要的因素就是公平的原则（原则 5）。合理性视情况而定，这就是概念模型这么重要的原因，如果人们可以很好地理解正在进行的后台行为，他们就会倾向于认为等待是必要而且适当的。缺少了概念模型的话，人们就会自己创造一个出来，并且这个虚拟出来的模型很可能是错误的，并且会引起严重的后果。

如果等待是被超乎人力所能控制的原因造成的，例如机场的航班延误是由于恶劣的天气，那么等待的原因就变成可以理解并可以接受的。然而这并不意味着等待就会变得能够被容忍：另外一个原则仍在起作用，但是至少已经克服了一个障碍。当这里有一个很清晰的要等待的原因，例如一个很热门的餐馆，或者一个拥挤的娱乐场所，等待就变成可以被容忍的，只要这个时间长度是适当的。当等待没有一个明显的原因，或者当这个原因很清晰而且看起来不恰当的时候，等待就不总是能够忍受的了。如果队列的服务速度是很慢的，但是很明显所有的员工都在努力地工作，而且所有的岗位上都有人，等待就会被耐心地容忍，例如在机场的海关和入境处的队列。但是如果这里有一大群等待服务的人，却只有少量的服务人员在提供服务，那么容忍就会转变为抱怨服务人员的反应速度太慢而不能提供有效的服务，更为糟糕的是，虽然有服务人员就在周围，却不提供服务，特别是当他们看起来是正在休息或是正在自得其乐时，人们就更不能容忍了。如果服务人员要休息，他们应该从顾客的视线中消失。

请注意将针对合理性的理解和概念模型相融合：人们想知道他们为什么要等待，为什么员工不工作？发生了什么？对于合理性的理解最原始的出处是关于形式和概念模型的信息整合。等待必须是适当的，无论原因还是所用持续时间。同样，人们认为服务员应该对顾客的需求有适当的反应。

3. 满足或者超越期待

等待的体验应该超越期待。许多地方尝试给出等待的时间估算。经验告诉我们，对这个时间应该一直给予超高的估算：如果一个实际的等待时间短于期待的时间，人们就会得到意外的惊喜。

为等待者提供一些有意义的活动将会有助于将沉闷的等待转变为积极的体验。它的目的是让人们微笑着离开，说“还不坏”或者甚至真的很享受这个等待的体验。事实上，人们在开始时对排队等候常抱以消极的期望值，这实际上起到了帮助作用，因为这使我们很容易找到一些因素提升人们对等待的感受。

4. 让人们保持忙碌

为了能够理解这个原则，首先应该铭记在心的是物理变化和心理变化的区别。它们不是完全一样的，即使我们可能会使用类似的名称去形容它们。因此，虽然物理时间和距离可以被很精确地定义和测量出来，但人们对时间和距离的心理感受却是由心理因素来决定的，而不是物理因素。此外，在人们对时间间隔、距离的直接感受与之后对此的回忆有着更显著的差异。心理上的持续时间很大程度上是被心理活动影响着。因此，一个有很多事发生的时间段就显得比在物理时间上相同的但没有事情发生的时间段（一个空闲时间段）要快得多。这些在忙碌时期和空闲时期的区别可以用来提升排队等待的设计。让队列移动得快些，让它们看起来短些，让等待过程中充满了可以看的有趣东西或是可以做的有趣事情都会有帮助。

有一个让排队变得令人愉快的小把戏就是让队列看起来不像个队列。在娱乐行业中可以发现很多好例子，尤其是在主题公园里。迪士尼乐园以其处理队列的手法而闻名，他们让队列呈曲线排列，以至于队列从视觉角度上看起来很短，然后他们还安排娱乐工作人员去吸引排队等待的顾客，以确保他们排队时也很享受。此外，通过聪明的路线设置，隐藏起前面的部分队列，可以让长队列看起来短一些。在一些案例中，主要目标活动的一部分可以放到前面，这样可以让队列看起来短些；在餐厅中，顾客可以先坐在吧台区域，这样他们可以享用饮料和开胃小菜；在组织机构中，必需的文本工作可以在等待过程中先行完成，有教育性的资料可以先展示出来。在这一章后面名为“双重缓冲”的一节中我会讨论到，娱乐场所可以创建接待室和其他活动，让那些等待进入容量有限的娱乐设施的人们参与进来，这些活动不仅可以帮助人们度过等待的过程，还可以先行提供相关的活动，这实际上也缩短了等待时间。

5. 公平

人们感受到的因果关系会严重影响我们的情绪，如果等待看起来是合理的，就没有人去抱怨，不会引起强烈的负面情绪。而当有什么事可以去抱怨的时候，即使这些事不是事实，也会引发人们的负面情绪。因此，如果队列显示出随意性、意外性，甚至是看起来不公平的时候，情绪就会升级。

其他人是否有不公平的优势？别人是否在插队？是否有人有特权而无须排队？所有这些都会导致一个加剧的负面情绪状态，比超过预期的等待时间更严重。判断等待体验是好还是坏的一个最重要的标准就是：我们受到的对待是否公平？排长队的时候，如果有人利用特权排到了其他人前面，怨恨的情绪就会产生。在很多地方，公平对实际情况都有着很大影响。

在各种各样队列形式中有一个问题，就是其他的队列看起来总是移动得更快些。在高速公路的车道和超市的结账通道上，确实是这样。不管你转到哪个道去，其他的总是显得移动得更快些。这种感觉的产生是因为服务人员接待一个人所花的时间总是因人而异的，一些人处理事情很快，而另外一些则是难以置信的慢。而不管你排在哪个队列里，看起来似乎总是最慢的一个。当别的队的人比我们移动得快时，我们会注意到；而当我们这一队领先时，我们却往往忽视这一点。正是这种不对称的心理导致了不公平的队列感受。心理学实验表明了即使所有的队列都以平均速度来移动，不管人们在哪个队列里，他们都感觉自己那队是移动得最慢的。这也是为什么最好的队列设计是只采用一条队列的原因，它在队列的最后分开来面向多个服务人员：只使用一个队列，关于公平的感受就提升了。而且由于面对多个服务人员，队列移动的速度会比使用多个队列，每个队列只面对一个服务人员的情况要快得多。

6. 积极的开始，积极的结尾

一个活动的哪个环节会让我们记忆深刻？心理学家在这方面有很多研究。当然独特的体验总是会脱颖而出，但是如果所有事情都是相对一致时（例如在等待的行为中，从进入到离开），那么在记忆中的感受按重要程度排序为：结束的时候，开始的时候，中间过程。这就是所谓的“系列位置效应”，一些研究甚至显示出了一个和直觉相违背的结果：一个漫长的不愉快的等待，如果在结束时，稍微增加些愉快的成分（但是整体依旧是不愉快的），那整个过程的感受甚至会变成更积极的。它之所以和直觉相违背，是因为除了有一个稍微好一点儿的结尾外，整个事件里包含的所有不愉快因素实际上并未减少。但是，正是结尾记忆效应在起作用。这个实验得出的结论是十分清晰的：永远要用一个积极的事件作为结尾。

针对等待的设计解决方案

对于等待的体验，不同的文化有着不同的期望值。一个主要的区别就是：究竟是否应该排队。在一些文化中，有秩序有礼貌的队列是惯常的情况。在另一些文化中，人们用最吵闹的或者最粗暴的方式挤到最前面。如果环游世界的话，你会发现这方面的差别是如此巨大：在伦敦，耐心的人们排成有序的长队；在北京和卡萨布兰卡，排队买火车票的场面是吵闹而没有秩序的。在亚洲的大多数地区，人们会拥挤着围绕着柜台，每个人都想引起服务人员的注意。尽管大多数的西方人感到很震惊，但这种排队系统却也很有效。一个中国朋友解释说，如果采用典型的有序的（西方式的）排队方式，人们将会在无所事事中等待很长时间。而在表面上无序的东方式的排队方式，成群的人挤在服务人员周围，人们可以马上得到关注。尽管服务人员对于他们的关注很快会被其他人的需求打断，但至少，完成了少量的交流。最后，虽然两个等待体系可能会花费一样的时间，但是在亚洲的方式中可以得到持续的有进展的体验。

在机器之间陌生、人工的交流世界里，通常使用着一种“暴民文化”的礼貌形式。如果一台机器想要使用以太网向另外一台机器发送信息，这也是本地网络中的电脑与另外一台电脑交流的标准方法，所有的机器都会使用同样的通道。它们怎么知道什么时候该轮到它们去交流？这些年来，人们尝试了很多不同的系统，但如今最流行的一种则非常像在亚洲拥挤的服务柜台那样。

每个机器把它们的信息放入到一个相关的数据包里去，机器关注着这个唯一的共享的通道，一旦它发现了在信息流中出现的一个空当，它马上就尝试把数据包发出去，如果另外一台机器同时也想这么做，两个数据包起了冲突，则两个机器都必须退出然后再次尝试。当然，下一次的冲突可能还会发生，所以机器内置的规则要求它们必须等待一个随机长度的时间后才能再次尝试。如果再次发生冲突，则等待的时间将会加长。失败的次数越多，就会要求等待越长的时间才能进行下次尝试。这个系统工作得非常好，而且成为以太网中机器与机器之间交流的国际标准中的一部分。

请注意，这种获得发送信息的方式，正如那些吵闹着要求得到关注的人们一样，这是一个持续的方式，每个机器都逐个地把信息发送出去。越多的人同时拥挤在一起吵闹，就会花越多的时间去将所有的信息发送出去。但是因为每个人都遵守同样的规则，所以系统依旧工作得很好。不需要排队，不需要散发编号，这里没有控制中枢。

这些无结构的系统在什么地方和人们一起工作？它看起来在全世界很多文化中运行着，不仅仅是在亚洲。它也同样适用于正常的谈话，只要参与谈话的人数不是太多。为了说话，每个交谈者都在等待交流中的一个空当。如果两个人同时说话，他们通常会很快判断出哪个人可以继续往下说。当多个车道的车交汇在一起时，就会看到这个系统的另外一种表现形式：在很多社会里，司机们轮流行驶，使错车变得简单而高效；而在另一些文化里，情况是完全自由的，每个司机都想挤进道路中任何一个空当，这就会导致交通完全堵塞，任何人都走不了。

对那些习惯了排队等待的人们来说，“暴民”系统看上去比有秩序的队列更为复杂和不公平。而对那些习惯了马上获得满足的人来说，有秩序的排队等待也许从概念上来说是简单了，但是它减慢了事情的进展。适当的排队行为规则在跨越不同文化时就变得非常复杂。在一些地方，让别人插队进来是被允许的，无论是在你之前还是之后，也不需要询问后面那些因此而受到损害的人。在另一些地方，这种行为是普遍不被允许的。一个人能给其他人占位置吗？在较长的队列里，是否允许短暂离开然后又回到原来的位置？通常情况下，回答是肯定的，只需要询问你身后的人并获得他们的允许和同意。那可否将你的位置卖掉，或是雇用其他人替你排队？这些行为在人们不得不通宵排队时是很普遍的，当发售一些热门活动的票时，或一些新的、令人兴奋的消费产品准备发布的时候就会有这样的现象。

文化是可以被改变的。在中国香港，麦当劳改变了排队的行为：

> 殖民统治下的香港在20世纪60年代，社会文化是不文雅的。兑现一张支票，登上一辆公共汽车，或者买一张火车票都需要使用蛮力。当麦当劳在1975年开业的时候，顾客们围在每一个收银台前面，喊叫着下订单，举着钱币在前面的人的头顶上挥舞着。麦当劳对此的反应是，引入秩序维护员——年轻的女士，来引导人群排成有秩序的队列。排队随后变成了香港作为国际大都会、代表中产阶层文化的一个标志。老的居民称赞麦当劳引入了排队的方式，这是一个社会转型期的关键因素。

因此，是的，文化是可以被改变的，但是不要指望它，而且即便它是可变的，这个过程也可能要数年，甚至是几十年之久。在所有能够改变的事情当中，文化是最难发生变化的。此外，从《大英百科全书》中有关麦当劳的引言中的摘录也有同样的警示：

> 这也许是一个错误，但如果假设……创新在任何地方出现，都会有完全一样的均质化的效果……要争论技术的全球化使全世界所有的地方变得都一样这个论题依然很困难。“同一性”的假设只有在忽略掉人们赋予文化创新的内在含义时才会持久。

一个队列还是多个队列，单面还是双面的收银台更有效

考虑一下咖啡店的结账通道。在一个典型的布局中，收银员坐在收银机旁边，结算准备付钱离开的顾客每件商品的价格，收银员和顾客都会花费很多时间等待对方。这种方式是低效率的。低效体现在哪里呢？在准备开始和收拾清理的时候。这里有一个典型的关于收银员和用户体验的描述：

> 排队等待，直到前面的顾客离开，而收银员看起来已经准备好了
>
> 走向收银台
>
> 将东西放在收银台上
>
> 等待收银员结算并告知总价
>
> 找到信用卡、钱或者支票
>
> 付款
>
> 将找零、收据、信用卡、钱包或支票簿放好
>
> 收起所购买的物品
>
> 离开收银台

现在下一个顾客必须重复一遍同样的流程，开始时会延误一会儿，因为要判断收银员是否已经准备好了。收银员会花费大量的时间等顾客出现，把东西拿出来，付款，然后清理物品，好让下一个顾客可以过来。反过来，顾客要在前一个顾客的低效率阶段等待，然后又在他们自己的低效率延长了等待时间。

而从顾客的角度来看，流程是等待、向前移动、适当地展示物品、等待、付款、打包，然后离开。从收银员的角度来看，流程是等待、结算物品、收款、提供收据，然后等待。这个识别了所有参与者的活动的任务分析，对评估那些可以做出更改的个别有问题领域是很有帮助的。有哪些方法可以提升单个收银通道的低效率问题？一种方法是减少每个操作所花费的时间。另外一种方法是，当第一个顾客准备开始和之后收拾清理的时候，让收银员可以服务其他顾客。当然还有一种方法是提供准备开始和收拾清理的缓冲空间，可以在不与前一个或下一个顾客发生干扰的情况下进行这些活动。让我们来看一下一些已知的解决方案。

双重缓冲

在计算机图像学领域，能够快速和顺利地显示图形是非常重要的，一个标准的技术是在两个不同的存储区之间进行切换：两个缓冲区。当第一个缓冲区在使用的时候，第二个缓存就被填充。然后，当第一个缓冲区的内容已经显示完毕，显示切换到第二个缓冲区，因此，在显示图像时就没有中断现象。之后，当第二个缓冲区被用来显示图像时，显示下一个图像所需要的信息就会被填充到第一个缓冲区里。

在主题公园里，或者在任何一个成批接待顾客的地方，我们都可以找到完全相同的流程。来看一下那些演出或者其他同时接待成批顾客的娱乐活动，当第一批顾客开始享受娱乐的时候，还有一批顾客正在等待，我们怎么能让在队列中的等待变得令人愉快呢？我们把它转变成对它自身的体验。

我们把第二批顾客组成与可以参与活动体验的数量相同的一组，然后把他们带到一个叫作“报告室”或“准备室”的地方，在那里，这些等待中的人们开始得到娱乐，也许是会得到即将参与项目的解释，或被告知等待参与的项目的情况和背景信息。结果，人们会认为这个环节也是整个体验的一部分，这比让他们排队等待要好得多。是的，在他们身后，依然还有排队等待的人们，但是这条队列由于有两倍于之前的人数参与到了娱乐活动中而变得短了，大家都是赢家。

空间上的双重缓冲：双向结算通道

在双向结算通道的设计中可以看到双重缓冲原则的一种形式。在这里，收银员在收银台的前面，面对着两侧的顾客——左边和右边。收银员等待左侧的顾客，然后，服务结束以后，转向右侧的已经准备好接受服务的顾客，这样左侧的顾客就有时间来收拾东西和离开，而且他身后的顾客也可以做好接受服务的准备。收银员在两侧顾客之间循环收银，让没有被服务的那一边的顾客有时间在交易开始时做好准备，以及在结束后收拾整理和离开，而不需要延误后面顾客的时间。对所有人来说这都是顺利、有效而且愉快的。但是，这确实需要在商店里占用更多空间，而且可能需要对原有设备进行重新布局。

这里的设计原则是认识到顾客需要空间和时间去为交易做好准备，然后，在结束交易后需要更多的空间和时间去收拾整理。通过提供两个空间，两个缓冲区，前一位顾客就都不会耽误下一位的时间。

暂时的双重缓冲：收银通道

双面的收银通道是一个空间上的双重缓冲，在收银台的每一边都有一个缓冲。双重缓冲的另一种使用方法是暂时的，提供足够的线性空间来分隔操作过程：做好准备、结算总价、收拾整理，从而使下一个顾客在上一个顾客还没有结束时就可以在缓冲区里开始做准备。使用这种方法的一个很好的例子就是超市里的收银通道。

超市经常使用线性的空间来区分开作准备、结算和收拾整理。一个自动传送带将物品从准备的位置传送到收拾整理的位置，传送带的长度足以容纳下几个顾客的物品，通常会有一个隔离条来隔开物品。当一个顾客的东西结算完毕，传送带会将下一个顾客的物品送到收银员面前，空出位置来让后面的顾客放物品。此外，当每一个物品结算完后，它会被运送到一个更大的收拾整理区，在这里另外一个服务人员或者顾客自己可以将购买的物品打包，这样，收银员就可以接待下一个顾客了。

暂时性双重缓冲：汽车餐馆

免下车餐厅（汽车餐厅）使用的是一个暂时性双重缓冲机制。顾客们驾驶他们自己的汽车到达一个订购窗口，下单，然后他们继续开到外卖窗口，这个距离通常被有意设置得较长，有时甚至会要求顾客绕到建筑物的拐角处，这样的安排有两个目的。首先，车开走后为下一个顾客腾出了订餐窗口；其次，在两个窗口之间开车所需的时间让服务人员有充分的时间准备好顾客需要的食物。整个线性过程被分成两个步骤，下订单，然后取餐和付款，也为两个队列留下了空间：一个是等待确定订单（这里的等待时间是有用的，让顾客有时间来仔细察看菜单并做出决定），另一个队列是等待食物准备就绪和付款。如果可以在取餐之前加入一个分开的付款的位置，流程就会变得更加有效。

暂时性双重缓冲：咖啡店

很多咖啡店和快餐店使用在一个窗口订餐而在另一个窗口取餐的方式来建立线性的暂时性双重缓冲。同样，这种分开的操作方式可以获得更高的效率。人们下订单时不需要因为等待前一个顾客付款和取食物而耽误时间。另外，分开的方式为多个队列提供了空间，这尤其重要，因为在这些地方，食物不会按照下订单的顺序而准备，能被很快准备好的食物会跑到取餐队列的前面，而复杂的食物就会被延迟到后面。一个线性队列的移动速度是由准备得最慢的物品的速度决定的。

设计队列

一个队列对应多个服务人员

假设那里有10个服务人员（接待员、出纳员或者是售票员）来服务一群人。如果人群被分成10个队列，每一队列的人数是一整列的1/10，但每一列的移动速度也只会是一整列的1/10。如果只有一个队列，当人们排到最前面时，他们可以去找10个出纳员里任何空闲着的一个。在这种情况下，仅有一个队列的移动速度将比分成10个队列每列只对应一个出纳员的情况快10倍。一个队列对应多个服务人员的情况呈现出移动速度最快的队列，而且也是感觉上最公平的情况。使一个队列拥有多个选择机会的结果是最理想的：移动得最快的队列在视觉上看起来最短。

这种系统有其自身需要解决的问题，对应不同的情况有不同的细节问题。这种分析可以进行非常深入的探求：可以写一整本书来探讨各种管理客户队列的方法。经过对需要克服的瓶颈和问题的适当观察，往往可以创造出更有效和更令人愉快的服务。效率的提高不需要以接待人员的过重负担或对客户不周到的服务为代价。

客户非常喜欢单个队列对应多个服务人员，而不是对应每个服务人员而分开的队列。正如前面提到的，单个队列的移动速度比多个队列快很多，即使两种情况在任何时间所服务的客户总数都是相同的，但在单个队列上感受到的公平是最大的。

单个队列的方式的主要困难是指导人们到正确的服务人员处。如果那里有多个服务人员，分辨出哪一个是空闲的并不总是容易的。有时是由在队列中的人自己来分辨，当有服务人员空闲下来时，那些排在靠前位置的人总是会热心地告诉其他人。即使前一个客户已经从一个服务员处离开了，但那个位置可能并没有马上空闲下来，所以去等待某些信号就是很有必要的。客户一个一个地等待一个明确的信号出现，然后走到空闲的服务人员面前，放下他们的材料并开始交易，这种行为降低了效率。这就需要另一种双重缓冲的解决方案。

在某些情况下，双重缓冲的方式是由一个工作人员作为队列的管理者，指导每个人去下一个空闲的队列中。在一些我看到的实例中，这种做法是有意地在每个接待人员面前形成一个二级队列，通常只有一个或两个人。这在机场入境处和海关很常见，一直会有一个或两个人排在每个接待员的面前，这样下一个人开始办理前的准备时间就是最小化的，虽然这里有些风险，那个排在前面的人也许要办理的是个复杂的、耗费时间的事务，队列里剩下的那个人会觉得受到了不公平的待遇，一个敏锐的管理人员可以通过将这个人马上移动到另一个队列中来解决这个问题。

针对这种方式的各式各样聪明的改良方案被推广开来，包括电子信号系统的应用，让客户可以知道哪些接待员是空闲的。我见过使用闪烁的灯光和显示屏来指出正确的方向，给出目标位置的名称或编号的做法。

编号分配法

为到来的客户提供一个编号，有时是根据需要服务的类型区分开来，这也是单一队列对应多个服务人员的一种解决方案，但在这种情况下，客户可以坐下来或四处走动，而不需要站成一排。在繁忙的地方可以发现这种方式的应用，比如银行和政府办事处。该系统还拥有针对不同级别的客户能够分别服务的优点。机动车辆部门也经常使用这种方案，当人们进入大楼时，会有一名接待员接待他们，来确定他们的需求，将他们分配到相应的队列中，并给他们一个编号，表明了他们在该队列中的位置。等待驾驶考试的人与只是需要一张表格的人排在不同的编号队列中，也与等待换发驾照或提交表格的人排在不同的编号队列中。数字本身会提供相应的反馈，这样人们就可以估计出队列的前进速度，以及他们的编号离当前正在处理的编号有多远。

当然，电子式的改良方案也是可能的，包括向人们派发传呼机，这样当轮到他们的时候他们会被传呼通知到。电子式的方案具有让人们有更多自由去闲逛的优点，但它们失去了能够根据观察队列长度或当前被服务的编号来判断的反馈信息。

有针对性的协议时间

最小化排队等待的心理创伤的一种方法是通过预定，但这必须以一种即使对那些未预定的人来说也看似公平合理的方式来进行。也就是说，人们必须相信他们可以享受到一个预订迫使他们做出超前计划的好处。对预订系统的一种改进是给每个人提供一个具有时间保障的入场券，即使是在未来的某个时间里。这样的话，人们就不需要排队等待，他们可以去做其他的事情，直到系统准备为他们服务的时候再出现。

这是隐藏在餐厅预约背后的理念，这也是有时游乐园处理较长的等待游乐项目队列的方法：在人们签到时，他们会得到一个电子设备，然后他们可以自由闲逛，进行别的活动，当轮到他们的时候，那个电子设备会把人们呼唤回到游乐项目处。餐厅也经常这样对待等待的顾客：在柜台签到并拿到一个寻呼设备，当你的桌子准备好的时候，你就会收到传呼信号，由此产生的嗡嗡声、闪烁的灯光和振动会提醒你，是时候结束你的聚会到餐厅就座了。这些系统都有自己的问题，但它们都是为了解决长时间、不舒服的排队问题的设计成果。

迪士尼乐园提供了一个特别的通行证，快速通行券，以避免长时间排队。每个人都有资格得到，但一次只能持有一张通行券。它不是让人们插到队列的前面：它是一个服务时间的保证。下面说一下它是如何工作的。当人们到达游乐项目处时，一个标牌会告诉他们快速通行券上的位置将在什么时间可用，持有快速通行券的人可以去做任何他们想做的事，只要他们在标记好的时间之后的一小时内回来就可以，他们仍需要等待，但大部分时间都花在逛公园上，甚至也许玩了其他的游乐项目（当然在其他项目上他们将不得不排队等待，因为有一次一张通行券的限制）。

当人们回到拥有快速通行券的游乐项目时会进入特殊的队列，队列很短也很快。而其他排在较长的常规队列中的人不会觉得受到了欺骗：他们知道他们也可以选择获取快速通行券，但他们没有选择。一次只能持有一张快速通行券对这种公平的感觉是非常重要的，这个规矩执行的强制性非常简单：把公园的入场券插入到快速通行券机器中，机器在发放快速通行券前会辨识客户信息并对合法资格进行检查。

在相邻的主题公园——奥兰多环球影城里，人们可以选择购买一张昂贵的前排通行券（插队通行券），可在任何时间任何游乐项目上使用。这个通行券激起了很多不满。有一个人的家庭在一次旅行中先后去了迪士尼乐园和环球影城，他提到迪士尼的系统看起来更公正合理，而他和他的家人在环球影城里都很恼火。“有钱人总可以先玩，”他说，“而这并不公平。”在雅达利（Atari）社区论坛中一位网名叫“哈珀”（Harpo）的网友对此抱怨道：“真可恶，我讨厌这种只有那些买了入场券后还愿意掏更多钱的人才能使用的规则。”

记忆比现实更重要

哪个更重要：是在事件中的体验，还是事后对体验的回忆？理论上来说，这个问题似乎很难回答：但请考虑这一点，你未来的行为将受控于你的记忆。记忆是排队等待的体验的最重要的方面，一个原因是后期的体验比初期或中期的体验重要得多。对事件的记忆会比事件的实际情况更为重要。

有关人类记忆的研究表明，对事件的回忆是对体验的主动重构，会使其受到很多潜在的扭曲。在法律界，目击者证词的不可靠性是众所周知的，许多心理实验表明扭曲某个人对事件的记忆是非常容易的。来看一下一位女士很高兴地回忆起她参观佛罗里达州奥兰多迪士尼世界的事，回想起与她互动过的奇妙的迪士尼人物：兔巴哥、灰姑娘、米老鼠。可是兔巴哥并不是迪士尼的卡通人物，因此不可能属于她的体验的一部分。实际上，就在她被要求回忆她在迪士尼世界里参观的实际情况前，有人给她看了一个迪士尼世界的广告，在广告上面印有兔巴哥形象。

此外，对整个体验的记忆比对单独部分的体验的记忆更为重要。美国南加利福尼亚大学马歇尔商学院的研究人员理查德·蔡斯（Richard Chase）和斯利拉姆·达苏（Sriram Dasu）对改善混有正面和负面感受的体验提出建议，包括增强结束时的体验，将愉快的体验分割开并与痛苦的体验相结合，尽早地甩掉糟糕的体验，以及构建出承诺。这些成果和很多其他关于人类对事件的记忆的研究成果，都强化出了基本的设计原则：策划结束时的体验，提供可以带回家的纪念品，增强开始时和结束时的体验，将无法避免的令人不愉快的部分安排在体验的中间过程中。

鲍勃·萨顿（Bob Sutton）——美国斯坦福大学管理学和工程学教授，提出参与者对事件的记忆的一个重要组成部分来源于他们的照片。因此，在排队的过程中给出拍照的时间——例如，来游玩的家庭很乐于同公园里的卡通人物合影——确保来游玩的家庭带回家的照片记录了他们游玩过程中愉快的时刻。每次看照片时，那个家庭就会增强他们愉快的记忆，而且不会再想起不愉快的那部分记忆。

虽然人们普遍都不喜欢等待，但当它是有用的时候，还是会人为地引起等待。交通信号灯就是个有意地引起一组车辆去等待的很好的例子，这样可以更好地让其他车辆或行人通过。

在主题公园里，等待是有意的。“我们能为人们做什么呢?”一位大型主题公园公司的高级管理人员曾经说道，“添加更多的游乐项目花费太高了。”当人数多于资源量时，等待就是不可避免的，因此在这种情况下，虽然等待是有意的，但公司的回应是让那些等待尽可能令人愉快。

等待可用来增加快乐。我们等到进餐的时候才会吃饭，文化是其中的部分原因，而且也是因为到那时候我们才会饿。我们尽量避免在分配之前打开礼物，等待增加了我们的悬念。我们有时会欢迎等待，因为它们让我们有时间来细细品味那一刻，或者可以阅读，完成一次谈话，或完成一件需要做的事情。一些在活动开始前的等待是有益的，让我们有时间去做准备。在餐厅或者甚至是吃快餐的地方，等待让我们有时间研究菜单并决定我们的选择。

甚至有时候会觉得等待的时间太短了，比如当我们在还没准备好之前就被迫做出反应，或者是当我们没有足够的时间来完成在等待时所做的活动。

就像我前面讨论过的，可以通过增加占用人时间的干扰型任务来实现等待时的愉悦。等待室提供杂志和电视机，一些银行为那些在队列中等待的人们安装了电视屏幕，据传闻在电梯旁边增加全身镜可以使等待电梯变得更加令人愉快，因为人们可以在等待时审视一下镜中的自己。机场已经把等待区发展成了完善的活动中心，拥有购物商场、电视机、餐馆和酒吧。某个国际机场由于拥有大量优秀的商店聚集其中而闻名，有些人甚至为此而延长他们行程中两个航班之间的时间。

请注意，这里有一个存在于人们感知时间的方式中的悖论：空闲的时间被认为比有事做的时间持续得更长，但当事后回忆起来，空闲的时间却被认为比有事做的时间持续得更短。那么应该怎么为客户安排呢？

回答这个问题的方法是要意识到真正重要的是整体体验。虽然人们更喜欢较短的等待时间，但如果等待时间里充满了有趣的活动，那么在这个时间里人们就有了体验，感觉上就是过得很快并且令人愉悦的。之后回忆起当时的活动时，所经历的事情就将占据体验的主导地位，只要这些事情是令人愉快的，最终结果就会是肯定的："是的，我们不得不在队列里等了很长的时间，但等待的过程是很有趣的。"

任何长期都有很多人等待的地方都可以采用这种做法，但请注意这仅适用于人们在队列中的位置可以得到保证的前提下。如果在试图创造令人更愉快的体验的同时伴随着让人担心错过什么事或是失去在队列中的位置的话，那就会产生相反的效果。设计者必须添加一些复杂性来简化这种体验：分配编号、保留位置或确定的入场时间都将有所帮助。即便如此，人们也需要被告知不要误了他们的航班，因为他们正在分心于机场里的各项活动。

排队等待永远不会是最终的目的，那始终是为了获得其他的东西。要增强排队的记忆，即可以通过在等待中添加正面的体验，使人们在以后会愿意回忆起来，也可以通过让排队结束时的情况变得非常积极并看起来值得这番等待。事实上，通过被称为“认知失调”的心理机制，经受过的痛苦实际上增强了对之后事件的愉悦享受。虽然减少不协调是潜意识的行为，但把它作为潜意识来考虑就会有这样的判断：“任何需要这么费劲才能开始的事情一定是很重要和精彩的。”认知失调最早是在20世纪中期由利昂·费斯汀格（Leon Festinger）提出，用来解释人们在事件违背基本的信念时是如何应对的。令费斯汀格首先感到惊奇的是，这种违背冲突经常会加强人们的信念，而不会破坏掉它。有关认知失调的理论解释了为什么会发生这种情况。

迪士尼乐园可能是在处理对排队等待的厌恶方面的冠军。当我询问人们有关他们去迪士尼乐园的情况时，我会问两个问题：你最不喜欢的是什么？你会再去吗？来自美国、亚洲和欧洲的人们对第一个问题的回答是很直接的：队列、排队、等待——描述随着世界不同的地方而不同，但其表述的意思都是相同的，而且都是不需要思考立即回答。人不喜欢排队等待。但第二个问题的答案会带来更多启发，“你会再去吗？”“是的！”答案也是立即给出的，不需要任何思考。人们可能会不喜欢排队等待，但迪士尼对此做出了处理，使排队等待看起来是适当的、公平的和必需的。

当等待得到妥善处理

我经常询问人们有关他们的体验，其中包括很多种人们必须排队等待的情况，等待火车，在餐厅等位置，在大学食堂排队等待用餐：所有这些等待都被视为合理和公平的。等待被视为是不合理的情况往往发生在那些违反了公平或行为规则没有被规定的地方。

因此，在电影院里的那种复杂的、有很多个售票窗口但却没有清晰队列的情况下，人们无法确定该怎么做，因此就不会有愉快的体验。从市场里排队等待服务的人们那里也能听到类似的评论，人们不清楚该怎么做，而且总是觉得后来的人反而更早地得到服务。这种不确定性引发了焦虑和其他的负面情绪。那些知道在这种情况下该怎么处理的人可能会因为他们有能力获得服务而有一些自豪感，但这些人的正面感受是建立在另一些人的负面感受上的。也请注意，你不能只是通过询问那些人在等待被服务的人来评估负面情绪的强度，带有最强的负面反应的人会彻底不再去参与这个活动。

在写这本书时，我有一段有些意外的经历，正好说明了沟通的重要性。我登上了一架原计划要带我从芝加哥飞到旧金山的飞机，但却被延时了，航空公司的技师在飞机后部来回巡查。飞机上的公告广播告诉我们飞机后部的厕所无法正常工作，只要把它们修好我们就能出发，然后告诉我们可以离开自由走动。每隔20分钟我就会收到一条短消息告诉我更新后的出发时间。在经过一小时不间断的维修工作和通知后，飞行员解释说他已决定我们不能在只有一个厕所能用的情况下起飞，作为替代，我们将离开这架飞机去乘另一架飞机。尽管这其中有很多不确定性，但乘客都很冷静并表示理解。我旁边的乘客告诉我飞行员发出了最终的通告并解释了他的理由，这让人很安心。持续的沟通会让每个人都感到对情况有所了解，并且确信他们处在由称职的人负责的状态下。

不过，等我们一到达登机区，形势发生急剧变化。登机口负责人员遭到了乘客们的连续提问，但他们没有可回答的信息。一位登机口负责人宣布了一个改变后的登机口，使用了正确的航班号，但却不是正确的目标地点。我小声地纠正了她，她向我解释她是被仓促找来帮忙的，并不清楚究竟出了什么问题。在我们漫无目的地乱转时，很多乘客在为错过了约会和中转航班而着急，很显然登机口负责人员比乘客更感到紧张。一度有一位登机口负责人员试图做出一个解释性的公告，但她令人困惑的陈述把乘客搞得非常糊涂，于是乘客们打断了她并开始提出疑问。在我看来，乘客提出的都是很理智的问题，而且声调也是在合理范围内的，但慌乱的登机口负责人员说道，如果他们不停下来她就要去叫警察。当又有一个问题对她问起时她的确拿起了电话，但显然又想了一下，然后迅速离开了现场。“她已经快要崩溃了，”我旁边的人对我说，“我很高兴没有做她这份工作。”

为什么会有不同的反应？是由于缺乏信息和适当的反馈，还缺乏对事情根本原因的了解。就这件事而言，乘客，还有工作人员，都缺乏明确的概念模型。请注意所显现出的压力对工作人员的影响要多于对客户的影响，他们的处境很糟糕，因为即使他们不仅跟导致这种情况的原因没有任何关系，也没有任何解决问题的办法，他们还是不得不忍受这些投诉。了解情况和理智的反馈对工作人员和客户是同样重要的。

对体验进行设计

情感使我们的体验增色，更重要的是使我们对体验的记忆增色。情绪会影响人们的判断。在《设计心理学 3：情感化设计》（*Emotional Design*）一书中，我总结了许多带有这种陈述的研究：“有吸引力的东西会使工作进行得更好。”把你的车进行清洗并抛光会使它开起来感觉更好；洗个澡并穿上喜欢的衣服，整个世界都会看起来更加灿烂。显然，清洗一辆车并不能使它的机械性变得更好，但它改变了人的观念。同样的理论也适用于我们处理复杂事物的方式，当我们在积极的情绪下，轻微的困难或困惑就会被视为小问题，而不是个重要的问题；但当我们处在焦虑或急躁的情绪下，同样一个小小的挫折就会变成为一个重大事件。

苏珊·斯普拉里根——一位 IBM 公司的研究科学家，一直在研究由服务体验所引起的情绪状态：我们在本书第六章里首次提到了她的工作（见图 6.3，“有表情的服务蓝图”）。斯普拉里根为我提供了图 7.2 用于显示当等待看起来不恰当的时候受到的挫折感。在7.2中的人是一位患者，他感觉自己生病了（“难受”），希望跟医生或护士通话，但在获取帮助之前，患者必须首先确定自己的身份，等待诊所员工在医疗诊所的数据库中找到并确认他的保险状态。“有什么人在听吗？”当诊所员工试图查询医疗记录时患者会这么想。在患者看来，诊所工作人员在一个简单的要求帮助的电话中加入了复杂因素，由此产生的拖延带来了挫折感和气愤。这种被加剧的情绪状态对患者或工作人员都没什么好处。

虽然有很多正当理由来解释为什么诊所必须首先要找出患者是谁，查询记录，并检查患者的健康保险，而在患者看来，这一切看起来都是不必要的障碍。这种感觉可以由与患者进行交互，并愿意管理医疗保健方面的人来进行更直接、顺利的传达。这种情况在人们很可能会感到痛苦的医疗状况下尤其困难，甚至是在人们见到医务人员之前。在图7.2所展示的案例中，患者开始“感到难受”时，这种状态很可能使情绪系统变得敏感，在遇到拖延和困难时比往常更会感到不安。在这种情况下就需要特别的设计：也许可以先问与医疗相关的问题，而等到与医生的约定时间被确定时再提出有关身份确认的问题。

情绪上的影响蕴涵了许多设计的意义。请使周围的环境生气勃勃而且具有令人愉快的吸引力和魅力。请确保每个人都拥有积极的、乐于助人的情绪。这里的环境并不只是说实体环境；它还包括员工和其他的客户。雇员必须让人看起来是愉快而且是乐于助人的，要教导员工如何表现出这种情绪，特别是在经过了与众多不守规矩和情绪激动的客户、家庭和儿童进行了长时间压力很大的互动之后，遵守这个要求就显得更有难度。即便如此，员工的行为举止也会对客户的印象造成巨大差异。同样，缓和情绪激动的客户的负面情绪也非常重要。我听说迪士尼员工们都会学到要特别注意那些情绪最激动的客户，不仅是因为他们很不高兴，更重要的原因是消极的情绪会被蔓延开来，这个观点与大量的在情绪感染方面的研究结果非

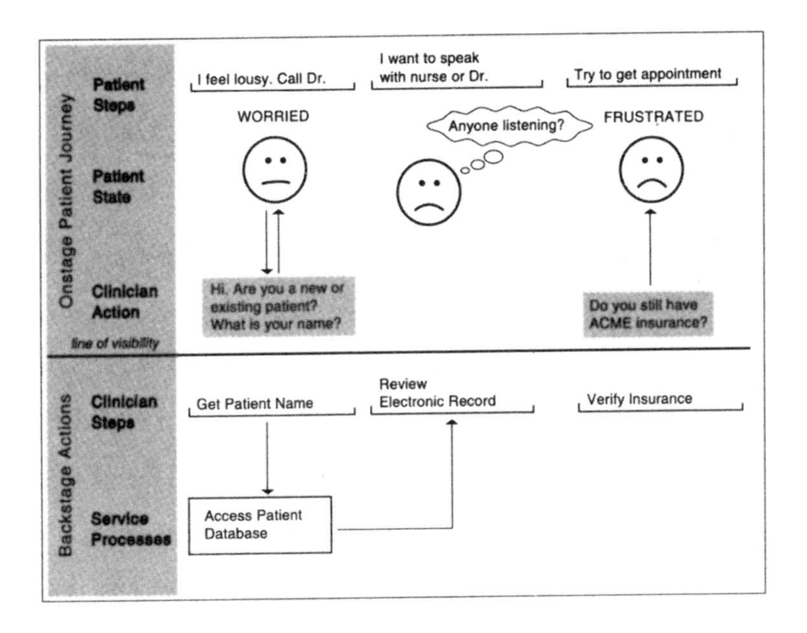

图7.2

一张简化表达的服务蓝图。此服务蓝图说明了等待会引起失望和愤怒的情绪，尤其是当等待的原因没有得到解释的时候，更糟的情况是，这看起来像是从“感到难受”的问题上转移开来。资料来源：斯普拉里根，2010年，授权使用。

常一致。

这些理论同样适用于医疗诊所，即使是更难处理的基于医疗难题引起的潜在的紧张程度引发的状况，所有涉及的医疗人员和患者都面临着不确定性，以及笼罩在某些病房里的危机心理，尤其是急诊室。尽管如此，情况还是可以得到改善。设计者可以把环境布置得更具吸引力，更多地关注等待的体验，而且应该把规章程序设计成可被理解的，并显示出合理性。特别关注也应该扩展到保持病人以及任何陪伴的人员，比如朋友和家人的良好状态。尽管需要大量与医疗无关的管理方面的日常活动，但这些事务与照顾患者和医疗人员的情绪相比，应该是次要问题。

情绪是具有传染性的。当人们高兴和微笑，在他们周围的其他人也会高兴和微笑。当人们紧张和焦躁不安时，他们周围的人都会这样。要让人们的心情好起来，并让他们保持下去。情绪主宰了一切。

等待是一种简单的活动，却使我们的生活变得复杂。但是，有方法能减少挫折感和无聊，帮助人们打发时间。对等待的设计的6个原则可以提供一些建议。例如，假设乘客在飞机已经到达后等待他们的行李时，可以查看电视屏幕上显示的运送行李的进展状况，从飞机货舱搬到等待的运输车上，然后被运输到航站楼，最后被放置在传送带上。很多公司的后台操作对客户来说是很有趣的。为什么不让等待的人看看正在发生着什么事?咖啡馆就是这样做的，它们让客户可以看到咖啡师的操作。三明治制造商也是这样做的，它们让客户看着并直接指挥三明治厨师的操作。这一原则甚至在非实体存在的情况下也有用。多米诺比萨饼的网站让人们可以跟踪他们订单的进程：包括厨师和送货人的名字，伴随着预计的到达时间，这里的概念模型是明确和直接的，而且反馈把可能令人讨厌的等待转变成了个性化的探险。

一件事过去后，所有留下的东西就是对它的记忆。因为大多数等待都是在达到所需要的结果的途中，它的结果才是记忆的主宰，而不是中间的过程。如果总体结果是令人足够愉快的，那么任何在途中遭受到的不愉快都会被最小化。华盛顿大学福斯特商学院（the University of Washington's Foster School of Business）的特伦斯·米切尔（Terence Mitchell）和西北大学凯洛格管理学院（Northwestern's Kellogg School of Management）的利·汤普森（Leigh Thompson）把这种行为叫作"玫瑰色回顾"。米切尔和他的同事研究了参加欧洲 12 日游的人，回家度过感恩节假期的学生，还有参加为期三周穿越加州的自行车之旅的人。在所有这些案例中，结果都很相似。在事件开始前，人们带着积极的预想期待着；在事件过后，他们充满感情地回忆起来。在此期间呢？嗯，现实很少会迎合人们的期望，所以有很多事情都出了问题。然而，当大脑记忆更新了以后，不愉快的事情就被淡化，愉快的事情就被留下来，可能还会得到加强，甚至被放大到超越现实的程度。对事件的记忆远比现实更重要，这完全是设计的问题。

第八章

管理复杂：设计师和使用者的伙伴关系

(a)

(b)

图 8.1
语义符号是有效的沟通工具。在照片（a）中，可被抓取的把手提供一个明确的信号，说明它是用手来抓住并向外拉的，而旁边的平板则提供了唯一的功能提示用来向内推，那块平板是个有效的语义符号，既指示出它是用来向内推的，还指示出应该推哪里。在照片（b）中，开放的楼梯提示了可被使用：这一处建筑设计充当了有效的语义符号。然而堵住下行楼梯的那扇门意味着这里的通道限制使用。我们还是可以把门打开并继续往下走的，但在这里门的目的是充当一个强制性功能标志，尽可能使人们在紧急情况下逃离建筑物时，到达这一层后不会顺着楼梯跑到地下室里去。

如何发动T型福特汽车

“现在你准备好了吗？火花减少，汽油增加；火花增加，汽油减少。现在切换到电池——左边，记住——是左边。”……“听到了吗？这就是其中一个线圈盒里的接触声。如果你没听到这个，你就要调整一下触点或者把它们锉一下。”……“现在看这里——这是曲柄，然后——看到从散热器里露出来的小线头了吗？——这就是阻气门。现在仔细看我给你示范，你这样抓住曲柄然后推动，直到它发动起来。看到我的拇指是如何向下转动的了？如果我用另一种方式抓住它，用拇指环绕着它，它就会反弹，为什么，它会把我的拇指弹开，懂了吗？”……“现在，”他说，“看仔细了，我推进去并把它抬起来，直到我得到压缩力，然后呢，我把这根电线拉出来，仔细绕着它来把汽油吸进去。听到那吸入的声音了吗？那就是阻气门。但不要把它拉得太厉害，不然你就会淹没它。现在，我把电线放开了，让它来一个漂亮的旋转，一旦它发动起来，我就转而推进火花放电并减少汽油，然后我再迅速把开关转换到磁力发电机——知道什么叫磁力发电机吗？——这就是。”

——摘自约翰·斯坦贝克（John Steinbeck）的
《伊甸园以东》（*East of Eden*）

复杂既是必要的也是可以管理的：这就是本书要传达的信息。但复杂可能会使我们不知所措、备受挫折，所以设计师应该做些什么来驯服复杂呢？而我们该如何应付那些遗留下来的复杂？我们已经讲解了基本的原理：现在是时候把它们融合在一起了。必须认识到这是一种设计师和我们之间的合作关系，这很重要。设计师会尽到他们的那部分责任，组织和构建我们要处理的系统，使我们可以理解并学习它们。但我们也要尽自己的责任，我们需要认识到：简化，毕竟是发生在头脑中的。在我们掌握了复杂事物，了解了它们是如何运作的和与之互动的规则以后，复杂的事物就变得简单了。在设计师们完成了他们的那部分工作后，我们需要做我们的那部分：花时间去学习、理解和实践。通过这种合作关系，复杂就可以被管理起来了。

汽车曾经是复杂的，令人非常困惑的，就像这一章开篇的引文所显示的那样。作者约翰·斯坦贝克这样评论自己的那段困难的描写：

> 现在很难想象那个时候发动、驾驶和维护汽车的困难，不只是整个过程很复杂，而且必须不停地从头开始。今天的孩子们在摇篮里就开始学习内燃机的理论、习性和特质，然后你突然发现这些知识都不起作用了，都不可信了，而有的时候你却又做对了。另外，发动现代汽车的引擎时你只需要做两件事，扭动钥匙和踩油门，其他的一切都是自动的。而这个过程曾经非常复杂，它不仅需要很强的记忆力、强健的身体，还要有天使般的脾气和执着的希望，而且也需要一些魔法般的练习，因此你经常会看到一个准备转动福特T型汽车曲柄的人在地上吐口痰并念一段咒语。（斯坦贝克，1952年）

汽车可以作为一个极好的例子——有关设计者和使用者之间合作关系的例子。设计师和工程师大大简化了开车时的操作，但开车的人也要尽到自己的责任。大多数人要结合课堂讲座和伴随着官方考试的实际练习来学习驾驶，即使通过了考试，新手也需要几个月或几年的时间来成为熟练的老手。

设计师可以把令人困惑的系统变换成可以理解的，但如果系统正在处理复杂的活动，这并不意味着结果将立即变成可以理解和使用的，最终，这将会成为那些使用者的负担。即使简单的工具也需要花时间去掌握：最普通的螺丝刀、扳手、锤子、削皮刀或铅笔都是简单到谁都可以想得到的，但所有这些都需要练习才能掌握。驯服复杂是设计者和使用者之间的合作。

电脑常常被指责为现代生活复杂性的代表，这种抱怨很有道理。但是，电脑还提供了简化生活的可能性，现代汽车就是个很好的经过恰当设计的例子，几百个电脑芯片、传感器和发动机在后台工作，来调节油与气的混合，防止打滑，保持稳定性，及对潜在的危险发出警告。这些嵌入式的电脑不需要有意识地去注意或操控：它们监控着汽车、驾驶者的操作和环境，并采取相应的措施。现代汽车甚至可以与其他汽车进行沟通，它们可以监控交通和天气，并根据车速的限制、建筑物和交通条件来推荐行车路线。汽车及其电脑系统变得一年比一年复杂，但这种隐藏的复杂替代了驾驶者的任务，把任务简化的同时还使其更加安全。这又是在本书第二章讨论到的特斯勒的复杂守恒定律的另一种应用。

管理复杂的基本原则

我们需要两套原则来管理复杂：一套用于设计，另一套用来应对。最后，所有的规则都在交流和反馈中演化。设计中必须包含适当的如同学习工具一样的结构，来辅助人类的理解和记忆，以及处理突发事件。这项任务由于受到设计师可控范围之外的因素的影响而变得更加困难。一个系统可能必须与其他做类似事情的系统同时使用，但却遵循着各自不同的设计原则，即使每个系统自身可能是合理的和可以理解的，但相互之间的冲突使得同时使用这两个系统的人的生活变得复杂化。而且，设计还必须能够应对生活中难免遇到的故障情况。

设计师的原则：驯服复杂

前面的章节为设计师提供了很多原则，基本的要求就是要使事情容易被理解。良好的概念模型是必不可少的，但只有当它们被正确传达时才是有用的。相关的设计工具包括概念模型、语义符号、组织架构、自动化和模块化，此外，设计团队还需要提供学习工具：用户手册和帮助系统。

做出良好、可用的设计，主要的途径是沟通。很久以前“设计”一词主要是指外观：汽车造型、时装式样和室内设计风格。产品通过照片来查看，获得的奖项也只是基于产品外观。如今这种情况发生了改变：设计界现在开始关注功能和操作，关注对基本需求的充分满足，以及提供积极、愉快的体验。我们现在认识到良好的互动是一个好的设计方案中至关重要的组成部分，而所谓的互动在很大程度上就是有适当的沟通。在以人为本的设计领域刚刚发起时，两位瑞士研究人员朱尔格·尼沃格特（Jurg Nievergelt）和魏德特（J. Weydert）曾经论证过关于三个知识形态的重要性：定位、模式和轨迹追踪。他们的见解可以解释为三个基本需求：对过去的认知、对现在的认知和对未来的认知。

对现在的认知意味着要了解当前的状态：现在正在发生着什么事？相对于我们的起始点和目标点，我们处于什么位置？现在可以进行哪些操作？令人惊讶的是有那么多系统对当前的状态不能够给出清晰的指示。

对过去的认知意味着要了解我们是如何进入当前状态的。某些系统抹去了历史，因此，当我们发现自己进入了一个意外的或不想要进入的状态时，我们无法知道是怎么进入这种状态的，我们甚至都不记得上一个状态是什么。结果，当我们喜欢当前的状态时，我们却不能记录如何在将来的某时回到这个状态；当我们不喜欢当前的状态时，我们也不知道如何撤销操作以返回到之前的状态。

对未来的认知意味着对预期事物的了解。我们的行动是基于对未来的预期的，我们很多的情绪状态都受预期值的驱动。对未来预期的认知缺乏不仅使任务变得困难，还会导致不必要的紧张状态。

我的一个基本设计原则是避免错误信息。毕竟，自然界在没有错误信息的情况下依然运行得很好。在我看来，良好的设计意味着从不需要去说“这是错的”。错误信息其实是表明系统自己糊涂了：它不知道该如何进行下去。这意味该被责备的是系统，而不是人。

生活是没有错误信息的。同样，电脑和电视游戏就是没有出错信息而依然运行良好的实例。当一个人尝试某种操作但不能被系统认知时，系统只是简单地不做反应。这就好比尝试用推的方式去开一扇原本应该拉开的门，在这过程中没有出错信息，也没有责备，只是门不能被打开而已。在开门的例子里，去找出该如何正确操作并不难。但在我们身边那些复杂的系统中，系统运行是不可见的。因而当我们尝试某种操作但没有反应的时候，我们不知道该如何继续下去：这正是需要一些帮助提示的时候——但这种提示应该是种协助，而不是出错报告。然而，最好的情况是系统可以不解自明，而不是强迫用户去寻求帮助。由于在实体系统中，所有的东西都是可见的，因此我们通常都能够找出解决方案来继续操作下去。那些基于电子、计算机技术的系统也需要做同样的事，充分地给出系统运行的信息，这样的话，当出现错误时，就有看得见的问题原因和可能的解决方案了。再强调一次，这就是关于过去、现在和未来的信息。

出错时正是极好的教学时机。当用户给出了有歧义的、错误的或是不完整的信息而导致系统不能运行下去时，不要指示说这是个错误，而是马上给出关于问题的解释并同时提供所需的解决工具。当使用者理解后，不仅问题被解决了，系统也从概念上变得简单了。

所有现代的学习理论都强调学习者积极地构建和开发的重要性，这些都是由训练性、指导性和引导性学习来加强的。最好的学习时期就是人们刚刚发现需要学习某事的时候，这也是示范、辅导和解说最有价值的时候。当然太快的教学速度会令人厌烦和失去兴趣，但在人们最需要的时候去教他们，人们会变成积极性很高的、用心的学习者。

“分而治之”是个对设计很有意义的古老战略。当系统中有很多片段时，就可以将它模块化以使得在不同时间点只有相关的片段被关注。分组和条理化可以提供一个有效的结构来理解复杂。

所有的这些原则事实上都基于两个前提：有针对性的交流和令人信服的概念模型。

语义符号

就像我们在本书中贯穿始终都可以看到的，语义符号——不论是蓄意性的还是非蓄意性的——都是引导正确行为的可感知的信号。它是一个强大的工具，可以使设计师以一种自然、舒适的方式实现沟通，对设计师和使用者来说都很舒适。语义符号就像是自然界的一部分，因此这种沟通会是毫不费力和适当的。人们将世界当作庞大的信息数据库，来指导他们一整天的活动。指导所需的很多信息就在那里，有时作为明确的实体信息，有时作为暗示性实体信息，有时作为社会性指示标志来引导正确的行为。在图 8.1 中可以看到四个简单而有效的语义符号。

语义符号是强大的设计工具，设计师们早就开始使用它们了。不幸的是，语义符号经常与很相近的概念“功能可见性”相混淆。功能可见性是一种关联：它指示出了一个人在一个物体上可能执行的操作。这一概念最先是由感知心理学家吉布森（J. J. Gibson）提出的，他将其应用于所有的生物与所有的环境。功能可见性对吉布森来说，就是在现实世界中存在的可能的生物和可能的物体之间的关联，不论人们能否意识到它们的存在。

在 1988 年，我将功能可见性的概念推广到设计界，虽然这个概念被欣然接受，并且现在被广泛使用了，但它经常被误解。对吉布森而言，无论是否有人注意到它，功能可见性都是存在的。对设计师而言，如果功能可见性不能够被感知，那它们就如同不存在。换言之，设计师主要关注的是可以被感知到的功能可见性，能被感知是至关重要的。结果，当设计师恰好观察到有些人使用产品时由于没有注意到功能可见性而遇到困难时，他们就会针对功能可见性的存在增加明显的标记。但由于缺乏适当的词汇来描述他们做了什么，他们就说他们“在产品上增加了一个功能可见性”，而事实上他们只是把原本就存在的功能可见性的存在事实更加可视化了，他们真正做的是增加了一个语义符号。设计师们别无选择；没有其他的词汇可以用来形容他们所做的事情（在当时，“语义符号”一词还尚未推出），所以随着时间的推移，术语“功能可见性”在设计中就变成用来表示可以感知得到的东西。

我强烈要求设计团体去区分功能可见性和语义符号。在大多数情况下，“功能可见性”这个词应该去掉，因为设计师总是只关心可以被感知的东西，也就是语义符号。请注意所有可被感知的功能可见性和语义符号都是沟通的方法，选择适当的语义符号的艺术与技巧是一种重要的设计技巧：良好的设计上的语义符号都是可感知和可提供信息的，而且造型美观并与产品的其他部分和谐地统一在一起。

要找个糟糕的设计吗？想找到缺乏适当的语义符号的例子吗？去找找解释东西该如何使用的标记，例如，贴在门上面的“推”或“拉”的标签，如果经过恰当的设计，将不需要它们，而那些需要张贴注释和文字标记来指导人们如何使用的设备都是没有经过恰当设计的。所有这些标记和附加物实际上都是社会性语义符号，由一群人添加上的辅助品，来方便其他人。

功能可见性是很重要的，因为它们是世界的一部分，使操作成为可能。尽管设计师们负责确保他们设计的产品和系统拥有适当的功能可见性，但如果它们不能被注意到或感知到，那它们就可能无法实现它们的目的，因此设计师必须在操作范围内通过语义符号来沟通。语义符号是有效沟通的关键。

组织架构

一种简化复杂情况的方法是通过添加组织架构。把工作任务构建成易于操作的模块，其中每个模块都是简单和易学的。这就是在第二章中讨论到的银器匠打平锤的秘密。银器匠的工作台［图 2.4（c）］看起来复杂，但它是由一个个工具构成的，学习其中任何一个单独的工具都是易于操作和可以理解的任务。结果就是，对银器匠来说，表面上复杂的工作台就被视为一个许多可以理解的、一目了然的简单工具的集合。

简化的另一种方法是概念重组。概念重组就是要找到构建问题的不同方法。一个很好的例子就是我们录制的电视节目时重要的技术变革。

使人们可以记录正在播放的电视节目的最初技术是“录像机”，简写为 VCR。这些录像机设计得都很差劲，以致于很多人甚至搞不清楚如何更改时钟的时间。设置正确时间的困难变成了一个国家级的笑话，美国前总统乔治·W·布什（老布什）1990 年在华盛顿的记者招待会晚宴上说道：“我们有个愿望：到我离开办公室的那天，我希望每一个美国人都能够在他的录像机上设置时间。”（他自己也不会设置时间。）

录制节目的操作更是令人生畏。举个例子，要录制一个计划于星期三晚上 9 点至晚上 10 点在第 37 频道播出的节目，你首先要确保录像机上的时钟被正确地设置过，然后进入编程模式，并告诉录像机在每周三晚上 9 点将自身设置到第 37 频道，然后开始进行刚好 60 分钟的录制。当然，你必须先看看报纸或电视指南中的节目时间表。

成功驯服录像机的复杂性的秘诀并不是通过聪明的、精致的用户界面设计，而是要承认这个问题的解决方法已经偏离了正确的轨道。人们想要把节目录制下来以便随时可以观看；他们对节目实际上什么时候播出并不感兴趣，为什么非要他们去设置日期、时间或频道？

如今，大多数视频系统已经对这项任务进行了概念重组，现在人们真的可以只是简单地输入节目的名称来录制节目，而系统会自动做余下的事情。今天的人们在不知不觉中就设置好了他们的视频系统，在许多情况下，甚至不需要录像：观众想看的话随时都可以看到节目，很像图书馆里或是网站上的书籍一样始终是可以调用的，当兴趣来了的时候随时可以看。很多时候，简化一项任务的最佳方法就是对它进行概念重组。

模块化：分而治之

组织结构的一种形式是模块化：将复杂的结构划分为一些较小的、易于管理的模块。这就是精心设计的多功能打印机、扫描仪、复印机和传真机所做的事情：每个功能都通过成组或图形化来划分开，所以每个功能都相当简单。

生活中的复杂性之一就是对我们的娱乐系统的控制。在某种程度上，这种复杂性是必需的：现代的系统可以提供很多功能，包括查看照片和家庭视频、互联网网站和视频，检索和播放来自照片、音乐和视频库中的资料，播放视频和玩游戏，在显示器不用时可以作为相框来显示喜爱的家庭场景，甚至可以用来看电视、听音乐或听广播。于是，很多不同的设备就必须全部连接在一起，每个都必须加以控制。其结果就是遥控器的杂乱混合，每一个都难以理解，而整个混合在一起就让人完全无法忍受了：见图8.2（a）。

图8.2显示了良好的设计如何能使复杂系统看起来更简单。娱乐系统的设计师犯的错误是相信使用系统的人们想要单独地控制每个组件，因此，

呈现给我们的是复杂的控制设备，它们每一个都有很多的功能，但很少有人尝试去提供一个在实际操作中使用的清晰、综合的概念模型。很多控制器的设计师认识到人们会有很多个设备，所以他们尝试提供“全能”遥控器，一个可以控制多台设备的产品。但是因为他们仍然专注于设备自身，所以只是增加了可感知的和实际的复杂性。而罗技（Logitech）的“和谐”（Harmony）遥控器则克服了所有的这些问题。

在图8.2（b）、（c）和（d）中所显示的遥控器采用了以活动为中心的方法，就是说，操作不是以DVD播放机、收音机或是游戏机的控制为中心，而是以活动——看电影、看电视或听音乐为中心。若要使用该系统，就先选择一项活动［见图8.2（c）］，然后控制屏发生变化以适合该项活动的需求［图8.2（d）显示的就是在选择了“电影”这项活动后的屏幕变化］。遥控器右侧的机械控制部分可以适用于大多数活动所需的项目：控制面板、音量调节、频道选择器（在观看电影的过程中不需要使用）以及静音按钮。以活动为中心的设计模拟了观看者的实际需求，因此将一套复杂的控制器进行了适当的模块化，把一大堆复杂的遥控器简化成为优雅的、简单的单个控制器。这就是在概念模型中要做的，对任务进行适当的模块化。

戴维·基尔希（David Kirsh）在加州大学圣迭戈分校的认知科学部，研究了人们如何构建他们的环境来对任务进行简化，组织他们的行动，以及在中断后回忆和整理他们的环境。他把这种工作叫作“认知趋同性”（cognitive congeniality）。

基尔希已经展示出对对象进行智能化的安置如何能够将记忆上的负担分散到生活中去，简化落在人身上的认知负担。来想象一下准备晚餐上的沙拉，许多蔬菜需要被洗净、去皮和切削，经验丰富的厨师会把洗过的和没洗过的蔬菜分开放在不同的地方，在任何时候只要瞥一眼就知道还有多少工作需要做。如果厨师离开了厨房，回来后也很容易记起应该在哪里继

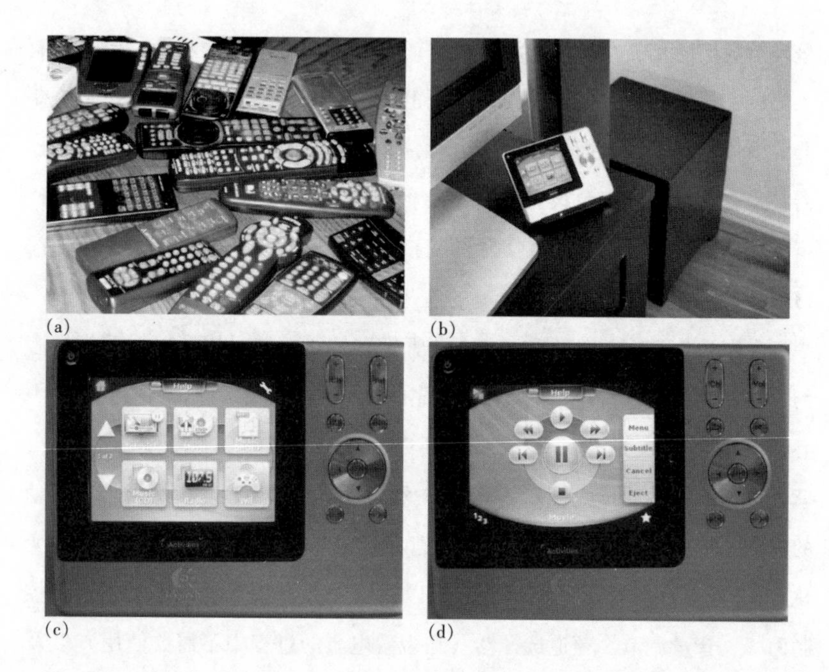

图8.2
通过良好的设计来做简化：照片（a）显示了我所拥有的，在我的娱乐中心里所有需要控制的设备的遥控器；这一大堆令人生畏的复杂的遥控器是没法用的，这些都是为执行复杂任务的复杂、难以理解的设备。照片（b）、（c）和（d）显示了罗技的“和谐”遥控器，我现在用它来控制我的系统，它克服了复杂性，同时提供同样多的功能。良好的设计使复杂的事情变得简单易上手。

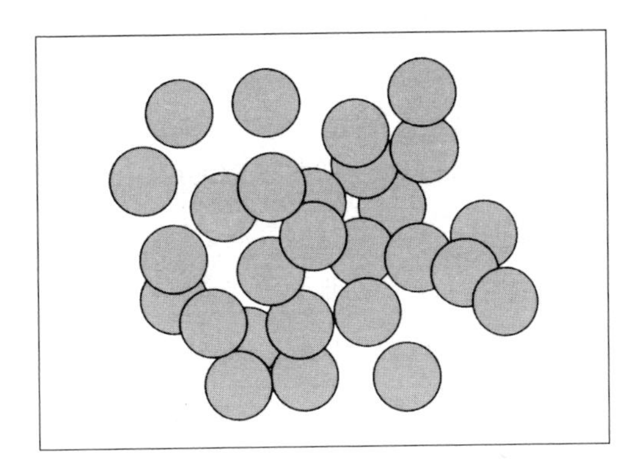

图 8.3
计算物体数量。不要用手去指，不要使用任何辅助——只靠看和数。这是一个非常困难的任务——这是不属于认知趋同性的。图案和任务描写来源于基尔希，1995 年。

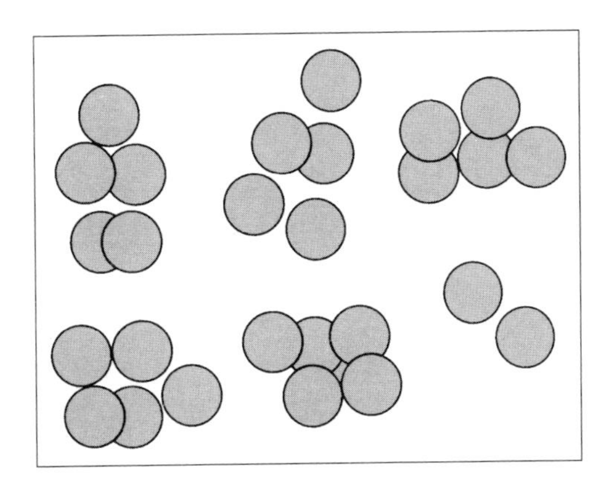

图 8.4
认知趋同性的计数。请注意这个计数的任务相比图 8.3 来说多么容易。（在图 8.3 和图 8.4 中对象的数目是相同的。）绘制描述后的“基尔希 1995”中的任务。图案和任务描写来源于基尔希，1995 年。

续工作。表面上看来，这种对物品的安置似乎是微不足道的，但隐藏在背后的哲理是很强大的，艺术家或珠宝商的工作台将显示出类似的模式。

有些安排突出了明显要做的操作，有些会引起对投机行为的注意力，有些则会让不希望出现的行为（例如，把装满了的容器移到角落里以免被意外地碰洒）被有意地隐藏起来或使之不会引人注意。空间被用来提示操作的顺序，当作一种提醒，用来阻止不希望发生的行为等。正如基尔希所说的："我们改造环境，而不是改造自己。"所有这些操作手法都把空间位置用作语义符号。

空间是一种非常强大的工具，如图8.3所示的那样。仅仅靠观察来计算那些圆圈，不要使用你的手或指针来帮助。这很困难，不是吗？计数本身并不是一项困难的任务：问题是要始终掌握着哪些已经被数过了，而哪些还没有。

现在来数一下显示在图8.4里完全相同的东西，同样的不用手或其他东西作为辅助：要容易得多，是吧？这些都是完全一样的东西，但被分为6组，除了一组之外每组都正好有5个圆圈。有条理的组织使任何一组都很容易计算，因为每个组里的数目都很少，一目了然，而且把圆圈在空间中分散成6组后，我们很容易有条理地从一组移到另一组，要记住哪些被数过了，哪些还没有就变得很简单。

这两个数字之间的差异使任务发生了改变。在图8.3里，困难的部分是我们需要在心里面记住哪些已经被数过的同时，制定出一个通过所有这些圆点的路线，以便使每个圆点恰好只被数一次。在图8.4中，人们一旦意识到这些圆点被分成了5个一组，计算每个组内的数量就是一个简单的问题了，而且它们在空间上的分离也使记住哪些被数过变得很简单。如果这些都是摆在你的面前的现实中的盘子，就可以通过将每个盘子移动到"已数过"的那一堆里来解决这个问题，这就很像基尔希所讲的厨师把洗过的蔬菜和没洗过的分开那样。

所有趋同性的方法都用的是这种方式：把任务变得适合人类的认知结构，这样困难就被减少了。图表和图片的力量大量存在于图形表示法与人类感知系统之间的匹配中。对环境的管理不仅使我们的任务更具组织结构化，也对社会有很大的益处，使解释任务变得更容易，使其他人更容易提供帮助。

自动化

自动化，消除了执行任务的需求。随着时间推移，我们的现代科技产品由于更多的使用自动化而变得更加简单。恒温控制器可以保持家里的温度，往往在白天黑夜有所不同，会根据有人在和没人在的不同情况来自动设置不同温度。微波炉和冰箱都是由微处理器控制的。电子邮件系统执行非常复杂的路由选择，把人类可读的地址和名称翻译成精确的、机器可以理解的形式。现代航空技术失去了高度自动化就无法运作，不仅现代制造工厂，还有物流系统都无法运作起来。自动化为科技增加了一项隐藏的复杂性，但从做这项工作的人的角度看，它简化了他们的操作。

自动化只会在它有效运行时起到简化的作用。当自动化失效时，它会使任务变得比没有自动化前更加复杂。同样的，部分自动化会比完整的自动化或没有自动化更容易出问题，因为在自动化与非自动化状态之间切换会增加混乱和复杂性。在我的书《设计心理学》里，我详细地讨论了这些问题。对付复杂性的重要的一点是：自动化也许是所有简化策略中最有效的，只要功能完全是由一个坚固而可靠的系统来进行自动化控制的就可以。

有用的操作手法：强制性功能

“强制性功能”是种约束，旨在防止不想要发生的操作。强制性功能使任务简化，因为不需要去理解：功能限制了预期的行为。只是当有人要做一些被禁止的操作时，才必须被迫去产生理解。

请回想一下图8.1（b）中阻挡楼梯入口的那扇栅栏门。为什么这里要被挡住？在许多地方，法律是禁止高层建筑里的楼梯在到达地面后继续向下延伸进入地下室的，原因是在发生火灾时，通过楼梯逃生的人在下到地面那一层后可能仍然会继续顺着楼梯进入地下室，他们会被困在那里。解决的方案是使用一个强制性功能，防止在紧急情况下发生经过地面楼层后盲目冲到地下室的行为，但同时允许需要到地下室去的人可以进入那里。这个功能是通过挡住从地面层继续向下的楼梯来实现的，用一扇普通的门或栅栏门，就像图8.1（b）一样，或者是向下走的楼梯在到达地面层后就结束：通往地下室的楼梯位于其他地方。

有时我们可以通过使可能的操作变得不可见来控制行为，即删除所有的语义符号。在迪士尼乐园里穿行时，我很惊讶我的东道主——一个迪士尼总裁进入了一个毫无特征的小巷，转了几个弯后，把我带到了后台区域。那里没有门、入口或是看守，唯一阻止游客进入这里的因素就是完全看不到路径。

有时可以通过使某种行为看起来似乎不可能、很危险或至少是很困难来加以控制。其中一种方法是通过故意使用误导性的语义符号，即“否定性语义符号”来达到目的。类似的例子是把破碎的瓶子或其他锋利的物品嵌入篱笆或墙的顶上，来防止有人翻爬过来。带刺的铁丝网也是否定性语义符号。有些公园使用垂直的管子来阻住道路，预示着汽车不能继续前进。但公园里的工作人员知道那些“管子”实际上是柔性橡胶管，所以车辆其实可以忽略这些表面上的否定性语义符号而从上面直接开过去。

强制性功能在许多复杂的系统中发挥作用，阻止了一些在未达到所有必需的先决条件或一些安全预防措施未被启用前的操作。在汽车领域，在未松开手刹前是无法发动汽车的，这是个毫无疑问的安全功能。在其他一些案例中，一组关键的控件在所有预先设置的连锁装置被解除前是不能够使用的。连锁装置是个强制性功能，用来保护一项操作。有了它，家里的微波炉在门被打开时就会自动关机以防止意外的辐射。强制性功能对安全性是有价值的辅助物。

鼓励和系统默认

强制性功能是很有价值的，但它们往往有太强的目的性。并非一切都需要被强制执行，有时，所需要的只是一个善意的鼓励。理查德·塞勒（Richard Thaler）和卡斯·桑斯坦（Cass Sunstein），一位经济学家和一名律师，各自都提出一种对操作有益的理念，他们称之为“促动”。塞勒和桑斯坦对那种人们没有按照对自己最有利的方式行动的情况进行观察，试图了解为什么会这样。这种情况也适用于很多本书的读者：你是否保持正常的饮食、定期运动、存适量的钱留做退休用，并避免过度透支信用卡？大多数人都认同这些行为会对自己有利，但我们中的大多数都不能做到所有这些事。为什么？这就是塞勒和桑斯坦的书《促动》（*Nudge*）中所谈到的。

塞勒和桑斯坦指出，设计师拥有许多微妙的工具，可以用于控制行为。一个用于促动的巧妙办法是根据一个列表合理地放置物品，或者甚至像是在自助餐厅中的食物摆放那样，把健康的食物放在取餐区的起点处和容易拿取的地方，不利于健康的甜点和诱人的食物放在取餐区的最后，位于其他食物的后面，这样就不会太容易被取到。当人们从一系列项目中做选择时，头几项是最容易被选中的。在选举期间，在选票上的第一个名字就有这个优势，因此选举官员经常竭尽全力地让选票上的名字呈不规则状排列，来使这种优势的影响尽量小。在投票机的电子显示屏上，每个选民都会看到不同的名字排序，这样将使排列顺序对选举结果的微妙影响降至最低。

“系统默认”一词的意思是指除非有人做出选择，否则操作就自动发生的行为。系统默认是对接受默认操作的微妙性的鼓励，在某种程度上是因为它们是如此的自动化和不可见。从一张薪水支票上扣缴所得税是系统默认完成的。当一个人首次受雇去做一份工作时，各种活动都会根据系统默认条件自动进行。

在美国，许多公司都允许员工去选择投资部分的薪水在退休时使用的方法。员工们可以选择把一笔数额相当大的薪金，在不扣除税款的状态下放入投资账户，这是他们常常做的一个选择，直到退休之前。有时雇主会提供一些对等资金，添加到正在投资的总金额里，这被认为是一件对所有参与者都有利的好事。

尽管这个系统有明显的优点，但令人惊讶的是很少有员工会利用它。为什么？因为它迫使我们必须花费精力去想清楚各种选项并做出决定。一般情况下，这个选项仅有一次会被明显地提供出来，就是当初次就业的员工需要面对着很多其他各种选择的时候，而系统默认值是不愿意拿钱去投资的。

塞勒和桑斯坦认为系统默认是用于操纵行为的最强大的工具。在退休金储蓄的案例中，假设系统默认值是每个月工资的一部分会被自动存入一个投资账户中，这两种方法提供的投资机会在逻辑上是平等的，在第一种情况里，如果员工什么都没做，就不会发生任何投资；另一种情况里，如果雇员什么都没做，就会自动做出投资。这些备选方案被称为“选择加入”和“选择退出”。相比之下，有更多的人会倾向于“选择退出”，这并不奇怪。美国国会已经授权一项自愿捐赠养老金的“选择退出”计划，除非你做点儿什么来阻止它，否则就会一直作为自愿性捐赠。

对系统默认的使用能有效地简化我们与所生活的复杂世界之间的互动。系统默认是无法避免的，因为任何时候必须要做出一个选择时，那些特定的选项就显示出了一些默认的操作，即使拒绝做出选择这一行为本身也是一种选择。尽管从逻辑上看起来，“选择加入”和“选择退出”两者之间应该是没有什么区别的，但逻辑和行为是完全不同的事情。系统默认是强大的设计工具，但它们必须被小心地使用，不论是设计师还是面对它们的人们。遵循系统默认就是认可由其他人替你做决定，这的确会简化做决定的行为，但前提是只有在你认可那个选择的情况下才会令人满意。

学习的辅助工具

解释产品运作方式的传统媒介是一本使用手册。但大多数使用手册的价值都很小：人们甚至从不看它们。我们不读手册的原因之一是缺乏积极性，谁想去看一本枯燥、乏味的手册？为什么不马上就开始？当人们第一次使用新产品或服务时，他们有一些要完成的目标，人们想要达到这一目标，而阅读手册似乎是另一件事。

大多数人都想“即时性”地去学习。在人们有学习需要时，他们学得最好。虽然在逻辑上看来，用法指导应该是要做的第一件事，排在产生需求之前（理论上这样做是为了让你知道该做什么），但在没有需求之前人们对学习几乎没什么兴趣。

许多手册试图列出的一款产品的所有功能，有时是按字母顺序，来描述每个控制器或功能都是做什么的。这同时违反了积极性和即时性学习的原则。最好的说明是在使用环境中通过显示如何完成特定的任务来解释使用方法。使用说明应该着重体现使用者需要完成的任务。的确，需要有一个对功能的详尽描述，但最好把它放到附录里，这样就可以在需要的时候去查阅：但它绝不应该成为主要的学习工具。

人们通过做来学。告诉人们该怎样做不如在他们正在做的时候辅导他们更有效。当然，这对大多数的产品或服务来说不太实用，但一个更好的替代方式是用简短的视频演示（重点是“简短”）。视频可以通过形象的动作在使用环境中展示操作过程，比抽象的描述更易于理解。它们应该做到尽量简明扼要，一个10～30秒的视频足以示范很多操作。但视频应该是个对任务的真正示范，而不是某个人在推销产品，或是一个功能一个功能地展示该产品能做的所有事情：这样的视频只会适得其反。

用户手册应该保留为快速、高效的教学材料：简短的示范、教程，最后，针对于那些需要更高级知识的人，一个对所有功能和选项的完整说明，同时使用尽可能多的插图。如果公司有必要在产品中包括法律注意事项和其他的材料，那么这些内容应该放在别的地方，不要让这些内容打扰了对产品愉快的使用体验。用户手册通常被视为昂贵的附加品，而不是产品的重要组成部分，所以它被放到了最后，草率地做完，为了省钱可能还会用电子的方式提供，即使这样做会造成访问和使用的困难。编写这些手册的人非常理解这些问题，但他们是无力改变这一局面的。

比用户手册更好的办法是做出一个根本不需要手册的系统。帮助设计一个根本不需要手册的产品的最合适人选，就是今天编写手册的那些技术专家，他们知道人们面临的困难，了解解说产品的难处，如果产品不是不言自明的，他们可以帮助设计出更容易说明白的产品。

公司应认识到最优秀的产品就是一个拥有最佳体验的产品。为什么要让一份强调可能的危险和法律注意事项的用户手册来毁掉一个出色的体验？为什么要用枯燥、乏味的功能列表来毁掉产品体验，而不去说明如何实现产品承诺的一切美好的事物？要让用户手册成为简洁的、富含生产力和产品体验的主要部分。

我们其他人的规则：积极应对复杂性

正如设计师必须完成他们的工作，使产品和服务变成可以理解的，我们也必须尽我们的职责，花点时间来了解和掌握它们。无论一些事情被怎样恰当地设计，无论是多么好的概念模型、反馈、结构和模块化，复杂的活动仍然必须掌握，有时需要几个小时、几天甚至几个月的研究和实践，这就是在我们这个复杂世界中的规律。

当设计师已履行了他们那方面的职责后，就轮到我们这些需要使用系统的人了。我们处理复杂问题的方法首先是一种接受：我们需要时间和精力来接受复杂的事情，这样其实就完成一半了。但如果想要些规则，那可以把它们归结为一组简单的建议。

接受

我们要让自己放松，认识到生命本身就是复杂的。换句话说，每个人都必须学会理解和使用复杂的系统，你也可以学会。是的，这需要花些时间；但所有你知道的其他技能都需要花时间去学习。复杂已经是无法改变的了，心态则至关重要：学会接受复杂，但也要学会征服它。一旦复杂的事情得到适当的处理，一旦它们被分成较小的较容易掌握的部分，一旦它得到了理解，一旦隐藏在系统中的线索被找到并被使用，复杂的事情就会变得简单。征服复杂性的第一步就是先接受它。

分而治之

将任务划分成较小的、容易理解的模块，一次只学习一个模块，之后，当每个模块被学完后，就会产生一种成就感，有助于激励学习下一个模块的积极性。

即时性学习

不要试图一次性学习所有的东西：只学习你感兴趣的任务所需的那部分，然后慢慢地添加其他任务，慢慢地去学会高级的功能。在有需要的时候去学习。

理解，而不是死记硬背

尝试发展出一个技术方面的概念模型：它到底在做什么？它是怎么运作的？如果你可以了解到这一点，那么很多操作看起来都能被领悟，当这种情况出现时，它们就变成可以学习的。不幸的是，许多技术似乎都尽其所能来使这种理解很难达到，尽量避开这些技术。

观察其他人

观察别人如何使用技术：看看他们做什么和怎么做。要毫不犹豫地去寻求帮助，更重要的问题是，为什么他们要那样做。“我看到你是这样做的，”你可以向别人询问，“你到底是在做什么？”这是一个甚至连专家都没有意识到的学习的小秘密。这就是孩子在学习做事时的基本操作方法：观察他们的父母并模仿他们的行为。这是个自然的、有效的学习方法。有意识地去这样做，告诉人们你在做什么：“我正好在学习怎么用这个，可不可以在这儿看一会儿你怎么做的？”表明你的意图，就可以避免一些潜在的尴尬，比如当他们不明白你为什么在看着他们时，或是担心你可能会看到一些机密信息的时候。这样做还会激发他们做出解释和热心的帮助。

使用生活中的知识：语义符号、功能可见性和强制性约束

正如当你穿越密林或白雪覆盖的城市时你会遵循别人留下的踪迹一样，要寻找他人使用技术的踪迹，做他们做过的事：这是一种入门的好方法。寻找语义符号，不论是像人类活动所留下的踪迹那样自然的实体符号，还是像能显示人类活动和存在与否的社会性符号，或是被设计师有意地放置在那里来作为辅助，但只有你注意到时才会发现的蓄意性语义符号。找出功能可见性：有创造性地找出不寻常的或新奇的做事方法，并利用强制性约束的帮助，来找出你能做和不能做的，该做或不应该做的事。

使用生活中的知识：制作符号、标签和标记

在这本书中，我们已经看到了外部的标记、符号、粉刷的线条，甚至是黏性纸质标记点和在任何需要的地方使用的标签的示例。采取主动：只要当你做某件事感到困难或混淆时，就花一点时间来仔细考虑哪些步骤是最令人困惑的，然后回到那些步骤为其添加注释，使用指甲油、便笺、油漆或记号笔，不要担心，尽管添加你所需要的。那些标记可以是雅观的和富有吸引力的，或是丑陋的和碍眼的：最要紧的是它们能否帮你完成你的活动。你做了什么并不重要：重要的是你一定要做点儿什么。

使用生活中的知识：列表

列表是驯服技术的最有力的工具之一。它也是很少被好好地理解，最受到诋毁的工具之一。我们中的很多人都会列出备忘清单：我们要完成的事情，要在杂货店里购买的物品。列表对我们的记忆力来说是个很有价值

的补充，它把要做的步骤或要完成的事情发布到生活中的实体提醒物中。

一个逐一列举的列表被称为“备忘录”。在购物备忘录中，物品可以按任意顺序购买，因为它们很少对安全有决定性影响，如果某个物品被忽略或某件东西被重复购买，所产生的错误并没有多严重。备忘录也经常应用于对安全有关键影响的领域，比如医药、工业或航空业，在那里项目通常是按照次序列出来，每个项目都必须完成并经过审核（通常由同事来做）后才可以继续进行下一项。备忘录对那些必须执行复杂程序，常常同时也在做其他事情而主要的事情会被频繁打断的人来说尤其重要。

尽管它们的重要性和价值都得到了证实，但列表却没有被普遍地应用。为什么？部分原因是，很多人觉得使用列表是对他们能力的质疑。这是个由专家来完成的对安全有决定性影响的特殊问题；毕竟，那些人在他们的工作领域都是专家，他们为什么需要辅助提醒的工具呢？

人类记忆力是不可靠的，即使人们正在进行经过长期训练的任务，中断或预想不到的困难还是有可能打乱整个过程。经验表明，当处理完中断或困难的情况后，人们往往很难记起之前工作的准确情况，并恢复任务的执行。备忘录通过记录着已经完成和接下来要做事情的明确列表就可以解决这个问题。

在航空领域，安全的飞行需要检查一大批项目，飞行员和机械师多年来一直抵制使用备忘录，他们相信自己对业务非常熟悉，而使用备忘录是种侮辱，表明他们怀疑自己的能力。与此同时，许多意外事故被查出是由于意外的省略步骤或参数设置而造成的。经过了几十年的时间，备忘录才慢慢被引入到所有的商业飞行运作中，飞行员和地勤人员都在使用：备忘录被证实是非常宝贵的。

今天，使用备忘录已经是商业航空领域的惯例。飞行员们在一起查看备忘录，其中一个人大声朗读备忘录列表，其他人则检查状态或执行被读到的操作。意外事故率已经大幅减少。

但在其他学科中，备忘录仍然受到抵制，医学是其中一个例子。医生们为他们的技能和专业的知识而自豪，不屑于尝试标准化他们的工作，更不愿意使用备忘录。大量的医学研究表明医疗备忘录能够减少事故、受伤和死亡，甚至最畅销、最流行的书籍中也提到过这些观点。但备忘录在医学领域仍然受到抵制。“当然，其他那些医生需要备忘录，”我听到医生们说，“但不是我，我知道我在做什么。”他们反对标准化，提醒我们，每个患者都是不同的，因此没有单一的标准化列表可以适用。与此同时，患者则深受其害。

备忘录也有其局限性。纸质的备忘录不太容易更改项目的顺序，有时情况不允许按顺序完成显示在备忘录中的某些步骤，但问题是，一旦某个项目被跳过去，系统如何能确保以后它会被记起来？电子备忘录可以解决这个问题，把一系列跳过没做的项目保存起来，然后在列表结束时把它们显示出来。

第二个局限性是必须挑选要放在备忘录里的项目和程序。我听到过医生解释他们为什么不使用备忘录，是因为上面的项目是错的，或并不总是适当的，甚至是不可能的。这些批评可能是有效的，但批评应该直接针对如何决定内容的过程，而不是备忘录这个方法本身。应该仔细检查清单的关联性和准确性，应该始终不断地对其进行改进。备忘录跟任何其他产品一样，必须细心地，最好使用标准的人性化设计方法对其进行设计：观察研究、开发技术原型和不断地优化，吸取测试期间的反馈意见。所有这些都不应该降低备忘录和辅助提醒物的重要性。

列表已经被证实能够起作用，它们需要被细心地写下来，可以不断被研究、分析和改进，来制作列表并使用它们。它们不是软弱的标志，它们是实力的标志，功能强大的工具，以帮助我们把工作做得更好，拥有更多的信心和更少的错误。

复杂是可以被管理的，但要做到这一点，我们都必须做好自己该做的那部分工作。

第九章

挑战

复杂性可能带来回报，但也是一个挑战。复杂的活动、事件和物体可能是深刻而令人满意的。复杂性提供了多种体验和交往的机会，这也是其引起兴趣和受到欢迎的地方。但是复杂本身并不是个优点：糟糕的结构和有缺陷的复杂可能使人困惑并产生挫折感。设计师面临的挑战在于他们必须提供经过精心组织的、有亲和力的体验，这些是复杂性所带来的好处，而不会产生不良的情绪与误导。对于我们来说，挑战在于花费时间与精力来了解结构与设计的力量。对于那些掌握了结构、了解操作、有一套连贯的内在理解——即具有概念模型的人来说，即使最复杂的结构也是简单的。简单是存在于头脑中的。接受简单需要设计师和使用者的共同努力。

尽管很多事物的复杂度其实超出了需求，但并不是所有的东西都需要复杂。很多简单的东西被过度设计了，过于复杂。为何那么多的现代技术产品被设计得很差，被过多的功能毁掉了？为何在存在解救方法和预防办法的情况下，需求蠕变的病症仍然在肆虐？为什么如此多的事物呈现出毫无必要的复杂，毫无必要的令人困惑呢？

简单易用的装置有它的市场。以手机为例，很多人想要一个仅仅是电话的手机。当然，它需要能够重新呼叫最近的几个来电者，能够储存电话号码，但并不需要成为一个音乐播放器、照相机、导航系统，还有其他别的东西，就是个电话，谢谢。有些厂家尝试提供这种不那么复杂的产品，但是他们经常被分销和零售链条中两个主要因素所挫败：销售人员和评论家。

销售人员的偏爱

在我的课堂上，我要求学生检验这些问题。凯瑟琳·达夫（Katherine Duff），我的一位足智多谋的工商管理学硕士（MBA）学生，采访了一位主流设计公司的设计师，当时这位设计师正在为该国最大的手机制造商设计一款新手机。以下是她发给我的故事，删除了具体人名：

> 我与 X 公司的一位设计师交谈……然后他告诉我了一个他如何为 Y 设计一款手机的故事。设计定位是50岁以上的消费者，在设计过程中，他们尝试了所有我们课上教授的东西。设计师外出观察人们如何使用他们的手机，他们观察到了问题，设计了原型样品并在目标客户群中测试了它们，最后，他们发现消费者很喜爱完成后的产品，它比典型的手机略大，只有三个功能（打电话、储存号码和闹铃设定），还有较大的按键。但是，这款手机是一个巨大的失败，因为无法得到手机销售人员的支持。它不酷，太简单，没有摄像头。正因为如此，大多数需要它的目标消费者从来没见过它们。

设计师与顾客的分歧

产品从设计师到消费者，这之间要经历很多步骤。在这个案例里，设计师为设计公司工作，制造商是客户。制造手机的企业通常不直接销售给终端用户：他们把手机卖给拥有自己商铺并提供给用户手机和电信业务的手机公司和运营商。所以设计师的客户是制造商，而制造商的客户是运营商，运营商的客户是他们的商铺，然后才是最终的手机用户。正如我刚刚讨论的，手机销售人员的脑子里可能并没有顾客的最佳诉求。

制造商与终端用户的隔离存在于很多产业里。制造烤箱、冰箱、洗衣机的家电制造商销售给分销商，然后是零售商。很多时候购买者是建筑承包商或开发商，他们建造房屋和公寓，安装好厨房电器，然后进行销售。房屋的居住者在电器选择上并没有发言权。当终端消费者在商店里选购产品时，他们的购物选择往往是被销售人员引导的，这些销售人员通过合同制谋生，每笔业务的收入提成往往是基于利润的。这样，他们就经常倾向于推荐高价的产品。有时销售人员在某种商品上会得到优惠的提成比例，这样他们就会有目的地进行推荐。在购买决策过程中有很多影响因素：购买者对产品的真实需求往往被很容易地遗忘了。

在销售现代高科技产品的商铺里，销售人员经常为他们拥有的演示所有产品特色的能力而自豪。他们可以通过比较竞争产品之间的优势和劣势来炫耀自己丰富的知识。即使是最善意的销售人员也可能陷入先进产品的特色和功能造成的陷阱，而忽视了面前消费者的真实需求。

现在回想一下我提到过的失败的手机设计案例，它在设计阶段的测试似乎使很多人满意。我能想象销售人员会疑惑："有人会买这种手机吗?"他们会问自己："它的功能为什么这么少?"他们的忧虑是真心的，但是由于他们喜爱多种技术特色，他们无法认识到不是每个人都需要所有的功能。简化的手机并不符合他们对人们如何使用手机的认知。

这种销售中存在的问题有可能被解决，但是需要产品制造商费力地展示他们的产品，去排除销售人员的"帮助"。柯达在发布一个系列数码相机产品线时，采用了这种方法。通过观察消费者的使用过程以及销售过程，他们认识到，不仅消费者被数码相机的复杂所困惑，销售人员也需要费力地解释那些特色和功能。柯达发布了一系列简单的一键式自动相机，同时提供简单的办法来导出和打印照片。与这种产品一起，柯达提供了一种店内销售系统来简化演示和销售过程。顾客可以自行观看演示而不需要销售人员。尽管在同类产品中它只有较少的功能并且价格最高，柯达的"易享"（EasyShare）系列还是很快变成了销售最快的数码相机。柯达的成功之处归功于对顾客的理解，并且设计了终端到终端的销售体验，这样就能比同类产品更好地符合顾客的需求。

评论家的偏爱

简单化产品的另一个主要瓶颈来自为报刊杂志和网站撰写评论的人士。技术评论家都是技术爱好者。照相机评论家会抱怨相机没有提供给摄影者模式和设置的选择：手动和自动，胶片速度调整，白平衡模式等。大多数这些设置都是针对专业人士的，但即使是专业人士也被弄糊涂了。普通用户既不懂它们也不想弄懂。汽车评论家还在用加速时间来评价汽车。他们在弯曲的道路上高速测试汽车。他们谈论转向过度和转向不足，加速中的控制力或者苛刻条件下的刹车，尽管大多数驾驶员从未体验过这些情况，他们也毫不在意。

评论家知道得太多了。只有一小部分努力去考虑普通家庭的需求，问题在于他们对自己所在的行业过于专业了。消费者测试杂志努力去找出普通汽车购买者的需求，但是他们仍然会列出功能特性并进行评级。

大型商铺的货架上有成千上万的不同商品。商铺需要花很多钱来保持所有的库存被监管和更新。大量的选择使购物者被迷惑。当商铺想办法简化他们的供应时，评论家又会抱怨。因此，一个大型硬件商店减少商品品牌，声称“人们在寻找简单化”时，记者将会撰写报道称这种策略满足了“极简主义者”，但是也同时限制了选择。限制选择？是的，这就是重点。

巴里·施瓦茨（Barry Schwartz），一位斯沃斯莫尔大学（Swarthmore University）的心理学家，他研究了有关决策的推行，写了一本有关此主题的畅销书，书名说明了一切：《无从选择》（*The Paradox of Choice*：*Why More Is Less*，英文原意为“选择性的悖论：为什么多即是少”）。也正如书的封面上所陈述的：“今天的世界提供给了我们更多的选择，但讽刺的是令人满意的却越来越少了。”

社交

人类婴儿的脑容量一代代之间的变化极其缓慢，技术、社会、文化的变迁则更快——技术变化最快，文化变化最慢。当代广泛使用的技术以及为不远的未来开发的技术与仅仅几十年前的技术相比都有着巨大的变化。在 20 世纪，我们的设计很适合于一个人使用一个设备。但是现在，在 21 世纪，越来越多的科技支持一群人持续地交流。

社会化计算变成了规范，即使团体里的人们在时间或者地理上被分隔。一些人协同工作，另一些人毫不相识。可能的广泛的交互关系有着很多潜在的好处，但也带来了一些复杂性。在保持人际关系方面它很棒！人们可以在即使移动到别的地方后也能保持朋友关系。它可以很方便快捷地建立一个工作组来解决工作中的问题，或者在学校共同完成作业。但是所有这些不同的群体很快产生了错综复杂的网状结构。社交群体相互重叠，有时互相冲突。工作可能被娱乐干扰，社交与严肃的商业事务互相渗透。保持所有关系的单纯性变得很难。不停受到干扰的可能性变得越来越大。然后，由于生活本身不够复杂，我们必须对那些蓄意跟踪、偷窃、破坏或者以别的方式干扰我们生活的人加以警惕，这对个人隐私、个人生活以及商业世界都是一样的。

为群体设计与为个人设计有所不同。群体里的个人有着与他们单独工作时同样的要求。但是现在有了协同的新要求。如果几个人进行项目合作，既可能带来激励，也可能带来问题。产生激励时群体的工作效果好于任何个体。但当冲突发生时就会产生问题，人们会对想法的形式、内容或者定位产生分歧。一个群体的知识超过所有个体的总和。在群体的成员合作来解决问题、互相帮助时，有些知识是明晰的，其他的知识会在互动的过程中自然地产生。例如，当有些人的行动创造了一条路径时，其他人可以跟随。群体中的另一点不同在于人们会在一个大群体中组成次级的小群体。有时一个次级群体之间会形成不同的圈子。此外，人们经常在群体中形成很强的相互关联、支持的关系，但也会使自己和别的群体疏远了，有时会表现出竞争行为。在21世纪，为社会交往和群体而进行的设计是一个主要的主题。

简单的事物为何会变得复杂

下面说复杂性是如何自然增长的。某天某公司发布了一款音乐播放器。很快这家公司就让它可以播放音乐视频，这时这个播放器可以做两件事：播放音乐和播放音乐视频。很快，顾客会问它是否能够播放所有视频，例如他们自己制作的、朋友传的、网上找到的，还有电视节目和电影。这些功能被加上之后，过了一阵子，顾客会奇怪为什么他们被局限在音乐和视频里：为什么没有普通照片？这导致了需要一个摄像头来拍摄照片和视频。在当代，这些功能离开了无线网络共享都无法实现，然而既然这个设备接入了网络，那么为什么不允许共享消息、想法和位置？随着时间的推移，简单的音乐播放器变成了一个怪兽。（既然它能上网，那么也能打电话吗？阅读电子书又如何？为什么不呢?）注意尽管这个故事是虚构的，市面上还是有一些和虚构的一样，能做所有这些事情的成功产品，iPod就是这样一个从小小的音乐播放器开始的产品。故事的细节是虚构的，但是它的结果却是真实的。

每当新技术出现时，人们就会迅速掌握它并且要求更多。随着我们对服务、功能和特色的需求的增长，技术的复杂度将无可避免地增强。最先进的复杂技术的日常应用存在于汽车里。复杂性达到了危险的程度，因为与这些系统之间的交互和控制使驾驶员分心。系统是何时变得过于复杂而不再能被安全地使用了呢？

尽管降低复杂度的技术广为人知，但是它并未得到很好的实践。汽车驾驶室有着特殊的要求，它要求控制系统对于驾驶技术不高的人、在压力下、在有限的时间里都能工作得很好，同时这些设备通常并不是关注的焦点。当一个驾驶员想要改变内部空间的温度、换一个广播电台或音乐，这样的行为必须不会对主要的驾驶任务造成妨碍。这就意味着对于堆满各种显示器、导航仪器、多成员温控、驾驶参数，以及娱乐装置的仪表板，必须能够被相对经验不足的人士所使用。即使是一次走神，对于驾驶来说都是致命的。一些较为深入的研究显示，当驾驶员视线离开路面超过两秒钟后，事故率就会急剧上升。

尽管没有相同的时间紧迫性以及安全事宜，汽车里存在的事实也发生在家居中。家用电器变得越来越复杂。洗衣机和烘干机，洗碗机和微波炉，咖啡机和电冰箱现在都有着负责的任务菜单，多种选项，以及微处理器。

更糟糕的是：恐怖分子来了！是的，他们真的来了。不仅仅是恐怖分子，还有骗子、小偷、捣蛋鬼以及好事者。他们都想介入我们的记录还有我们的生活。我们的记录并不安全，我们用以确认自我的方法可笑的贫乏，并且安全、认证与真实之间的界限不为人所知，即使是那些可以控制我们生活的人们也并不了解。大多数使我们的生活更加安全的努力都导致了更多的复杂。在简便性与安全性之间往往有着妥协。用以确保绝对安全（其实不存在）的努力有可能制造更麻烦的安全需求。有一个悖论：对于安全的需求越细致，结果就越不安全。为什么？因为就像我们在第三章里讲到过的，当事物变得过于复杂，人们就会想办法去简化它。当安全需求阻碍了我们正常工作时，我们就会绕开它。第三章讨论了我们如何想办法跨过安全之篱。我们把密码写在纸上，把它放在不安全的地方。我们开着门，复制机密的材料——这些都因为我们专注于完成我们的工作。因此，即使是最诚实的意愿也可能埋下整个安全系统的隐患。这是一个极度需要稳重和理智的领域，它不仅基于技术，同时还要考虑心理学的和社会学的因素。

我们的确需要技术的好处，我们也需要安全。复杂性只有在本身明晰和必要时才可以被接受。我们需要避免不必要的复杂。

设计的挑战

本书指出了复杂性方面的问题，并且给出了一些控制其影响的方法。对于复杂性和安全性的一个解决方案是增加多层技术，例如使用自动化来消除很多复杂的活动，简化对人的要求（第八章）。不过这经常解决了一组问题，但又带来了其他的问题。记得第二章里特斯勒的复杂守恒定律吗？当我们增加自动化来简化对人的要求时，我们增加了底层技术的复杂度。底层技术越复杂，故障的可能性就越大。每个自动化领域里的困难都被记录了下来，但是每个新的领域都不相互学习，以至于必须重新面对这些问题。如果被合理地部署，自动化可以减少压力和工作量，减少出错和事故。但是如果被不当地部署，它会导致相反的结果：增加压力和工作量，改变错误和事故的形式，经常达到比非自动化系统更严重的程度。这种事情就发生在航空领域和工厂里，现在也开始发生在制药、家居和汽车领域。

设计师和工程师可以学习别的领域的技术。当然知易行难，因为虽然每个领域之间都有大量共通之处，但是也有大量自身独特的地方。所有设计师都面临困难的挑战，需要给予人们所需的建议，减少安全隐患，同时保持概念上的简洁，避免错误和设备故障，并考虑小偷、恐怖分子以及恶作剧者的攻击。自动化可以在很大程度上简化事物，但是我们必须警惕它的应用，避免不恰当的自动化水平带来的风险。

设计师的角色是困难的，面临多种挑战。包括所有功能性的、审美的、制造、可持续性、产品设计中的财务问题，还有文化、培训、服务中的激励问题等等，设计师必须保证最终结果与最终用户之间恰当的沟通。这就是概念模型的角色，它包括能够指示出每个正在进行的步骤的可感知的语义符号，现在的状态，还要考虑将来会怎样。这就是“即时”指令的作用，在需要的时候，提供精准的关键性的学习内容。

与复杂共处：合作关系

与科技共生是我们和设计师之间的一种合作关系。大多数时间里，我们仅仅希望做到一件事情，但是我们却被要求掌握一个复杂的系统。不过这就是世界上的事物运作的方式。我们使用的科技必须适应世界的复杂性，技术的复杂性是无法避免的。

即使是最好的设计也需要我们的配合，因为人类的记忆力有它自身的特性和局限。它帮助我们从这个世界获取所需的信息。我们可以借助标志和标记、笔记和彩色便条来实现它。我们可以使用列表，不管是电子的还是纸质的。我们可以使用电子日历中的提醒、社交网络以及别的系统。当我们遇到阻碍时，我们需要使用帮助系统和手册。我们必须自己学习我们所使用的技术的架构和底层概念模型。我们必须花时间去掌握技巧。有了这些理解，我们才可以使复杂的系统简化并有意义。

与科技共生将成为持续的但是必要的挑战。驯服技术需要一种设计师与我们这些用户之间的合作关系。设计师必须提供组织构造、有效的沟通和一个可以学习的、善于交际的互动性技术。我们这些用户必须有意愿去花时间来学习规则和底层结构，掌握必要的技巧。我们与设计师之间是一种合作关系。

注　释

第一章　设计复杂生活：为什么复杂是必需的

有关内场高飞球规则的讨论来自于美国职棒大联盟网站上的“官方规则：术语的定义”部分（mbl. com）：http://mlb. mlb. com/mlb/offical_info/offical_rules/definition_terms_2. jsp.

勋伯格关于乐谱符号的注释在他的再版作品中可以见到：请参见“勋伯格”，1985 年。

我曾经提出过（诺曼，1982 年）关于在任何科目上都需要花费 5 000 小时的练习才能成为专家。最近，爱立信（Ericsson，2006 年）提出这个数目应该是 1 万小时。马尔科姆·格拉德威尔（Malcolm Gladwell，2008 年）在他的书《局外人》（*Outliers*）中提供了易读性很强的所有这些工作的总结。

第二章　简单只存在于头脑中

克里斯·萨格鲁的作品《敏感的边界》，可以在她的网站上看到：http://www. csugrue. com/delicateBoundaries.

图 2. 3 中水循环图的概念模型来源于美国内务部，地质勘探局，由约

翰·埃文斯绘制。于2009年7月19日下载于 http://ga. water. usgs. gov/edu/watercycle. html.

引文来源于报纸专栏作家门肯于1917年的论述。

我的有关打平锤的介绍来自于与休·迈耶斯（Hugh Meyers）之间关于讨论简单性所发的电子邮件。我要感谢他提供了这个例子并帮助我了解简单成分的组合如何形成了复杂的系统。打平锤的引用文字来自于维基百科：http://en. wikipedia. org/wiki/PIanishing.

拉里·特斯勒的复杂守恒定律从来没有发表过，但他在一次采访中讨论过这个问题（特斯勒和塞弗，2007）。布鲁斯·托格纳兹尼（Bruce Tognazzini，简称Tog）在他的博客“Ask Tog”中有一个关于整个问题的很棒的讨论：http://www. asktog. com/coIumns/011complexity. html.

几个世纪以来的许多哲学家提出了关于简单的性质的类似说法，所有的争论都在阐述应该包含尽可能少的基本条件。奥卡姆的威廉的内容来源于不列颠百科全书（奥卡姆剃刀原理，2010年）。爱因斯坦的内容来源于维基百科，http://en. wilkipedia. org/wiki/Einstein。我怀疑奥卡姆和爱因斯坦都多次重申了他们的看法，这让我们很困惑，搞不清楚他们实际上是怎么说的。但是，每个人都同意他们的言论所表达的精神。

这一章的几个段落根据我在《交互》杂志上的专栏内容做了修改，杂志的相互作用，《交互》由美国计算机学会（ACM）的专业协会“SIFCHI”（Special Interest Group in Computer-Human Interaction，人机交互特别兴趣组）出版发行。

第三章 简单的东西如何使我们的生活更复杂

格温德琳·高尔斯沃西（Gwendolyn Galsworth）的关于通过可见性线条和辅助标记来增加工作场所中的结构的强大理论在她的书中可以看到：

《视觉的工作场所——视觉的思考方式》（*Visual Workplace - Visual Thinking*），2005 年。

来源于亨利·亚比斯卓的关于英国广播公司天气预报的引文，是 2009 年 1 月我们通过电子邮件交流中的一部分。我很感谢亨利与我在设计问题上有很多互动讨论，并允许我引用他的电子邮件内容。

“促动”一词来自理查德·塞勒和卡斯·桑斯坦 2008 年出版的书：《促动：改进关于健康、财富和幸福的观点》（*Nudge: Improving Decisions about Health, Wealth, and Happiness*）。他们在那里展示出社会性的强迫性功能可以被设计用于帮助人们做出更好的经济上的决定，即使在没有要求它们这样做的前提下。

第四章　社会性语义符号

有关隐藏性和显露式语义符号影响认知的方式在霍兰（Hollan）、哈钦斯（Hutchins）和基尔希 2000 年的一篇文章中有很好的描述：《分散开的认知：人机交互作用研究的新基础》（*Distributed Cognition: A New Foundation for Human-Computer Interaction Research*）。他们没有用“语义符号”这个术语，但谈及了生活中的信息的力量（外部表现形式）引导个人和群体的认知——分散开的认知是哈钦斯杜撰出来描述这个含义的。有关“读者留下的标记”的研究和其他相关的问题是在希尔等人在 1992 年和哈钦斯在 1995 年的文章中找到的。

符号学领域有非常丰富和广泛的文学作品，它已被非常有效地应用到克拉丽丝·索萨（Clarisse de Souza）2005 年的设计中。朱迪丝·多纳特（Judith Donath）在社交媒体方面的工作也特别有关：请参阅多纳特 2007 年作品，还有即将出版的新作。

引文“符号学领域是对符号的研究”来源于大不列颠百科全书（符号

学，2010 年）的瑞士语言学费迪南德·索绪尔（Ferdinand de Saussure）的文章。瞪羚的信号行为的描述在布里格·伯德（Bliege Bird）、史密斯（Smith）2005 年和扎哈维（Zahavi）1997 年的作品中。

在一篇令人非常愉快的文章《罗戈夫的随笔：良好的礼仪》（*Rogov's Ramblings: Good Manners*）中有一段关于如何管理复杂的礼仪规则的杰出的讨论，请参考：

http://www.stratsplace.com/rogov/good_manners.html.

有关礼仪的引文“在你坐下不久后就将餐巾放到你的腿上”来自于凡德罗（Van Der Leun）2005 年作品。

第五章 善于交际的设计

“网状曲线”这一说法的起源是对模拟城市和其他电脑游戏的开发者威尔·赖特的专访：他将这个词插入到他的“模拟城市 2000”游戏中（SimCity 2000，2008 年）。

比较人与人、人与机器的交互的早期工作的总结由拜伦·里夫斯（Byron Reeves）、克利夫·纳斯（Cliff Nass）和斯科特·布拉韦（Scott Brave）在斯坦福大学完成（纳斯和布拉韦 2005 年作品，里夫斯和纳斯 1996 年作品）。

对如何阻止人们试图找最简单的路线来穿越美化景观的区域的说明来自于《声音》（*Voice*）2007 年版。我在新西兰的会议上遇到了卡尔·迈希尔，在那里他向我介绍了愿望线和这一概念在设计的很多方面的扩展。他的工作（迈希尔，2004 年）激发了我在这里的处理方法。

保罗·奥特莱在 1934 年的《条约文件》的历史和万尼瓦尔·布什的麦麦克斯存储器来源于几个地方：布什 1945 年作品，布什 2010 年作品，赖特 2003 年、2008 年作品。我要感谢乔纳森·格鲁丁（Jonathan Grudin）

提供的有关奥特莱的工作信息。

第六章 系统和服务

这一章中的一些材料的是改编自尼尔森·诺曼团体（Nielsen Norman group）中的卡拉·珀尼斯（Kara Pernice）的研究。我们原本的想法是我们会写一本题为“吸引顾客”（*Engaging the Customer*）的书，虽然完成了几个章节的草稿，但最终还是没有完成。

詹姆斯·泰布尔（James Teboul），欧洲工商管理学院（INSEAD）——一个在法国和新加坡都有分校的国际商业学校——的运营管理教授，区分开了服务的前台和后台（泰布尔，2006）。琳恩·肖斯塔克关于服务蓝图的提议发表在《哈佛商业评论》上（肖斯塔克，1984）。在本章中使用的苏珊·斯普拉里根的工作报道，见斯普拉里根2010年作品。

华盛顿互惠银行的设计专利的讨论来自于报纸上吴（Wu）的一篇文章《银行变单调》（*Bank Drops Drab*）（吴，2004年），这个故事也很容易通过搜索银行的公共关系页面和专利文件得到证实。大通银行退回到了传统银行的格局，消除了所有之前华盛顿互惠银行的创新，这在罗宾·赛德尔（Robin Sidel）发表于《华尔街日报》的文章《华盛顿互惠银行支行失去的笑容》（*WaMu's Branches Lose the Smiles*）（赛德尔，2009年）中，杰弗里·皮尔彻（Jeffrey Pilcher）在博客文章《金融品牌》（*Financial Brand*）中有明智和富有同情心的讨论中（http://thefinancialbrand. com/tag/jp-morgan-chase/），还有约翰·瑞安（John Ryan）的博客中都可以找到：http://www. johnryanblog. com/2009/04/bankers-1-wamu-0/。

在德国的科隆国际设计学校的引文是来自：http://kisd. de/subject_sd. html? &lang = en（检索自2008年7月）。

19世纪后期和20世纪早期的弗雷德·哈维餐饮连锁店故事的精彩描

写来源于布朗（Brown）和海尔（Hyer）在学术性很强的期刊《期刊管理业务》（*Journal of Operations Management*，布朗和海尔，2007年）中的文章。在那里有一篇很长的关于服务的文章，虽然商家大部分的工作都集中在效率上，而不是在客户与员工的满意度上。在这里引用的是我找到的最有价值的一些：布朗和海尔，2007年；格卢什科（Glushko）和塔巴斯（Tabas），2007年；赫斯克特（Heskett）等人，1994年；赫斯克特、萨瑟（Sasser）和施莱辛格（Schlesinger）1997年，2003年；帕拉苏拉曼（Parasuraman）、蔡特哈姆尔（Zeithaml）和马尔霍特拉（Malhotra），2005年；泰布尔，2006年。赫斯克特和他的同事写道，感到满意还是不够的——客户必须感到非常满意才会成为忠实的顾客（赫斯克特等人，1994年）。

有关前台和后台服务的区别来自于格卢什科和塔巴斯2007年作品，以及塔巴斯2006年的作品。有关阿西乐快线服务的研究来源于理查森（Richardson）和奥本海默的报告。有关丽思卡尔顿酒店的引文来自于约翰·柯林斯，一位丽思卡尔顿酒店的人力资源经理，发表于在作者出席一个《哈佛商业评论》报的主题为"我在丽思卡尔顿酒店当服务生的一周"（*My Week as a Room Service Waiter at the Ritz*）课程培训期间（汉普"Hemp"，2002年）。

网飞公司的故事见网飞的官方博客：http://blog.netflix.com/search?q=profiles（检索自2008年7月16日），同时很多网站上都有记录。客户的反应来源于"*geeksugar"，http://www.geeksugar.com/1749822（检索自2008年7月16日）。

关于公司是如何从服务不足的状态中恢复过来产生的影响，有很多研究。我建议阅读一下麦科洛（McCollough）、贝里（Berry）和亚达夫（Yadav）在2000年的作品。最后，在重症监护病房的噪音的影响来自于布兰登（Brandon）、瑞安和巴恩斯（Barnes）在2007年的作品。

第七章　对等待的设计

这一章里的一些部分，特别是我在芝加哥到旧金山之间的航班上的体验的故事，取自我的论文《对等待的设计》（*Designing Waits That Work*），发表在《麻省理工学院斯隆管理评论》（*MIT Sloan Management Review*）上（诺曼，2009b）。这份文件扩充自戴维·梅斯特的经典论文《关于等待的心理学》（梅斯特，1985年）。

鲍勃·萨顿，斯坦福大学的科学和工程管理学教授，在他的论文《参观迪士尼乐园的感受》（*Feelings about a Disneyland Visit*，萨顿，1992年）中讨论到对迪士尼访问的记忆。引文"迪士尼员工被训练要对客户特别关注"取自一篇萨顿给我的电子邮件。控制情绪的重要性是社会心理学的科学文献出版物中持续不断的主题。作为示例，请参见沃德（Ward）和巴恩斯2001年的作品。概念模型的重要性也是在设计类文章中常见的讨论主题，但一个好的起点是参考我的书（《设计心理学》，诺曼，2002年）。

"使等待更具吸引力比缩短队列能够更好地改善等待体验"这段引文是来自普伦（Pruyn）和斯密茨（Smidts）1998年的作品。

一个强有力的结尾的重要性来自许多地方，包括我自己几十年前在人类记忆的序列位置曲线方面的工作。艾伦·巴德利（Alan Baddeley）的书《人类的记忆》（*Human Memory*）虽然有些过时，但仍然是在记忆心理方面的最好的书籍之一。对在一个不愉快的事件中稍微愉快的（但是整体依旧不愉快）结尾会增强人的感受的研究是由丹尼尔·卡尼曼（Daniel Kahneman）完成的。在他的诺贝尔奖上的演讲中有一段对这个工作的很好的总结［或更准确地说，是在他获得瑞典中央银行纪念阿尔弗雷德·伯恩德·诺贝尔经济科学奖金（Sveriges Riksbank Prize in Economic Sciences in Memory of Alfred Nobel）——简称为诺贝尔经济学奖的获奖感言中，卡尼曼，

2003a、b]。也可以参阅蔡斯和达苏的关于分割开令人愉快的事件和尽早抛开令人不愉快体验的重要性探讨（蔡斯和达苏，2001 年）。有关“玫瑰色回顾”的内容来自于特伦斯·米切尔和利·汤普森的工作（米切尔和汤普森，1994 年作品；米切尔等人，1997 年作品）。我在此感谢利·汤普森在西北大学凯洛格管理学校关于这一主题的讨论。

伊丽莎白·洛夫特斯（Elizabeth Loftus）作了大量的关于目击证人和相关的人类记忆的不可靠性的研究，这两个问题都很容易引发偏见并从而导致虚假的记忆。虚假的记忆会比真实的记忆更容易得到信任。在这一章中引用的是布劳恩-拉图尔（Braun-La Tour）等人 2004 年的作品。也可参阅布劳恩和洛夫特斯 1998 年作品，萨基·阿尼奥利（Sacchi Agnoli）和洛夫特斯 2007 年作品。对正面和负面事件的遗忘的区别的研究是由特里普（Trape）和利伯曼（Liberman，2003 年）完成的，也可参阅由蔡斯和达苏（2001 年）关于设计含义的讨论。

麦当劳餐厅在中国香港改变了排队行为的故事来自《大不列颠百科全书》的题为“文化的全球化”（*Cultural Globalization*）的文章［沃森（Watson)，2008 年］。有关认知失调的内容来自费斯汀格的代表性研究（费斯汀格，1957 年）。

第八章 管理复杂：设计师和使用者的伙伴关系

人们很少读用户手册的现象，在众多的研究和个人的观察中都可以得到确认。一项研究通过这种方式说明这个问题：“现在已经发布的几项研究［伦纳德和卡恩斯（Leonard and Karnes)，2000 年］中显示，只有约 5% 的车主汇报说他们完整的阅读了用户手册。当然，他们把用户手册当作一个在需要一些具体的信息时所使用的参考来源。”来自拉夫里（Laughery）和沃格尔特（Wogalter)，2008 年。

在格斯滕藏（Gerstenzang）1990 年关于总统的文章中讨论到了老布什总统要确保所有的美国人可以设置他们的录像机的引文，但我也听到老布什在发表讲话时说到了这个问题。

理查德·塞勒和卡斯·桑斯坦（2008 年）的书全称是《促动：改进关于健康、财富和幸福的观点》。伦哈特［Leonhardt，2007 年，“技术简化了收费较高的路径”（*Technology Eases the Path to Higher Tolls*）］讨论到了这些原则如何使付款变成不可见的，因此没有痛苦感，使得当局很容易持续提高收费的金额。

有关戴维·基尔希的管理环境以便使任务拥有结构的内容描述在霍兰、哈钦斯和基尔希 2000 年作品中；以及基尔希 1991 年、1995 年、1996 年和 2003 年的作品中。

两个早期的主张定位、模式和轨迹追踪的重要性，以人为本的设计支持者是瑞士研究人员朱尔格·尼沃格特和魏德特，将他们的自述文章命题为：“网站、模式与创新：讲述了一个交互系统的用户在哪里、能做什么，以及如何占有领地”（*Sites, Modes, and Trails: Telling the User of an Interactive System Where He Is, What He Can Do, and How to Get to Places*，尼沃格特和魏德特，1987 年）。

备忘录在人因工程学、人类工程学和航空安全等各个领域都得到广泛的研究。它们在这些领域中，尤其是在医药方面的应用，在葛文德（Gawande）的畅销书《备忘录宣言》（*The Checklist Manifesto*，葛文德，2009 年）中有很好的诠释。

致　谢

复杂以多种方式笼罩在我的生活中，其中一种就是这本书的组织结构。关于复杂性我思考了很长时间，几十年前，我是一个激烈的反对者，极力主张简化，但随着时间推移，我发现真正的敌人并不是复杂，而是混淆的状态和由此产生的无条理性。此外，解决的办法也不是通常标准下的简单（那意味着通过几个控制器、显示屏和功能），而是协调一致性和理解。我第一次试图表达这些想法在《交互》杂志上我的专栏里，《交互》杂志是一本研究人机交互的专业团体的出版物（the ACH SIG Chi），从2007年开始直到现在。所以我第一个要感谢的就是这本杂志和那些有魄力的编辑们，他们从2007年起就允许我在他们的页面中实践我的歪理邪说：理查德·安德森和简·科科（Jan Koko）。

我受益于很多用我的材料来教学和出席演讲的机会，每个机会都提供了有价值的反馈。很多人都通过与我的详细交谈帮助我理解我自己的信息。很多人在实例的最后汇编阶段给予了帮助，慷慨地允许我使用他们的照片及绘图。我的一个老朋友和辩论的伙伴（在前些年，也是许多研究论文的长期共同执笔者）是丹尼·博布罗（Danny Bobrow），他总是能够看透我的想法并找到它的弱点。雅各布·尼尔森（Jakob Nielsen），我的业务伙伴，不断支持我，持续地针对设计缺点提出建议性的意见。

有些人阅读过早期版本的不同片段，并提供了有价值的反馈，如费利克斯·波特努瓦（Felix Portnoy）和亨利·亚比斯卓等，他们的意见是非常有益的。多年以来，有很多人寄给我照片和故事素材，其中一些被放入了这本书里，我很感激所有这些人。我为第二章里克里斯·萨格鲁的艺术作品而感谢她，感谢莱恩·泰特为第三章提供的门上写着“不是出口”的照片，感谢凯文·福克斯为第五章提供的在加州大学伯克利分校校园里的愿望线的照片，感谢苏珊·斯普拉里根为我重绘了她的图形（第六章和第七章）。杰弗里·赫尔曼热情地帮助我完成了第二章里有关打平锤和银器匠的工作台的讨论，他发送给我他的工作台和工具的照片，然后还打电话跟我谈了谈银器的制作。银器的制作，唉，在美国是个快要消失了的艺术。

我在西北大学的同事们，特别是埃德·科尔盖特（Ed Colgate）和莉兹·赫尔本（Liz Gerben），他们让我在他们的课程上教学，还有我的很多学生，我设计操作并一同指导的双学位课程，同时提供一个工商管理学硕士学位和一个工程学学位，他们经受了我磕磕绊绊、试图解释设计过程奥秘的尝试。这些人将会是未来产品的缔造者，所以我的磕磕绊绊将产生结果。有一个能给予帮助和支持的院长对我帮助很大，胡利奥·奥蒂诺（Julio Ottino），一个设计的佼佼者，相信所有的工程师都应该是“鲸鱼脑”思想家：有同样大的左脑与右脑，有同样程度的分析能力与整体观念。

桑迪·迪克斯彻（Sandy Dijkstra）和在她的桑迪·迪克斯彻文学代理公司工作的员工很有耐心地经历了这本书的多次反复，起初是本差不多叫作“交际设计”（*Sociable Design*）之类的书，后来才发现其真正的归宿是复杂性。麻省理工学院出版社的工作人员给予了我帮助，拒绝了我起初令人困惑的、复杂的、啰唆的、冗长的首次尝试，但培育出了最终的手稿。感谢凯蒂·黑尔克（Katie Helke）为获得所需的图表和许可权的辛勤工作，感谢朱迪·费尔德曼（Judy Feldmann）的删减和编辑，还有最重要的，感谢我的编辑道格·塞里（Doug Sery）耐心地给予我支持。

而且，当然，还有我的妻子朱莉（Julie），她长期担任我的编辑和最苛刻的评论家，一直大胆地指出我的闲扯、重复、反复改变立场、混淆，有时甚至是这些问题混在一句话里的事实，还有其他的写作和想法方面的错误。每个作者身边都应该有一位这样说真话的人。

参考书目

Baddeley, A. D. 1998. *Human Memory: Theory and Practice* (rev. ed.). Boston, Mass.: Allyn & Bacon.

Bliege Bird, R., and E. A. Smith. 2005. Signaling theory, strategic interaction, and symbolic capital. *Current Anthropology* 46 (2):221-248. <http://www.journals.uchicago.edu/doi/abs/10.1086/427115>.

Brandon, D., D. Ryan, and A. Barnes. 2007. Effect of environmental changes on noise in the NICU. *Neonatal Network* 6 (4):213-218.

Braun, K. A., and E. F. Loftus. 1998. Advertising's misinformation effect. *Applied Cognitive Psychology* 12:569-591. <https://webfiles.uci.edu/eloftus/BraunLoftusAdvertisingMisinfoACP98.pdf>.

Braun-LaTour, K. A., M. S. LaTour, J. E. Pickrell, and E. F. Loftus. 2004. How and when advertising can influence memory for consumer experience. *Journal of Advertising* 33 (4):7-25. <https://webfiles.uci.edu/eloftus/BraunLaTourPickLoftusJofAd04.pdf>.

Brown, K. A., and N. L. Hyer. 2007. Archeological benchmarking: Fred Harvey and the service profit chain, circa 1876. *Journal of Operations Management* 25 (2):284-299. <http://www.sciencedirect.com/science/article/B6VB7-4KKFPFX-1/1/243b7888dd026e69c5ff19d2aa7ecd40>.

Bush, V. 1945. As We May Think. *Atlantic Monthly* (July):101-108. <http://www.theatlantic.com/doc/194507/bush>.

Chase, R. B., and S. Dasu. 2001. Want to perfect your company's service? Use behavioral science. *Harvard Business Review* 79 (6):78-84.

de Souza, C. S. 2005. *The Semiotic Engineering of Human Computer Interaction*. Cambridge, Mass.: MIT Press.

Donath, J. 2007. Virtually trustworthy. *Science* 317:53–54. <http://smg.media.mit.edu/Papers/Donath/VirtuallyTrustworthy.pdf>.

Donath, J. Forthcoming. *Designing Sociable Media*. Cambridge, Mass.: MIT Press. <http://smg.media.mit.edu/people/Judith/signalsTruthDesign.html> (chapter abstracts).

Ericsson, K. 2006. The influence of experience and deliberate practice on the development of superior expert performance. In *The Cambridge Handbook of Expertise and Expert Performance*, ed. K. A. Ericsson, N. Charness, and P. J. Feltovich, 683–703. Cambridge: Cambridge University Press.

Festinger, L. 1957. *A Theory of Cognitive Dissonance*. Stanford, Calif.: Stanford University Press.

Galsworth, G. D., ed. 2005. *Visual Workplace, Visual Thinking: Creating Enterprise Excellence through the Technologies of the Visual Workplace*. Portland, Ore.: Visual-Lean Enterprise Press.

Gawande, A. 2009. *The Checklist Manifesto: How to Get Things Right*. New York: Metropolitan Books.

Gerstenzang, J. 1990. The President: Bush's humor. *Los Angeles Times*, May 7, p. A5 (San Diego edition).

Gladwell, M. 2008. *Outliers: The Story of Success*. New York: Little, Brown.

Glushko, R. J., and L. Tabas. 2007. Bridging the "front stage" and "back stage" in service system design. Berkeley: School of Information, University of California, Berkeley. <http://repositories.cdlib.org/ischool/2007-013>.

Hemp, P. 2002. My week as a room-service waiter at the Ritz. *Harvard Business Review* 80 (6):50–62. <http://ged.insead.edu/fichiersti/hbr2002/306040.pdf>.

Heskett, J. L., T. O. Jones, G. W. Loveman, W. E. Sasser, and L. A. Schlesinger. 1994. Putting the service-profit chain to work. *Harvard Business Review* 72 (2):164–174.

Heskett, J. L., W. E. Sasser, and L. A. Schlesinger. 1997. *The Service Profit Chain: How Leading Companies Link Profit and Growth to Loyalty, Satisfaction, and Value*. New York: Free Press.

Heskett, J. L., W. E. Sasser, Jr., and L. A. Schlesinger. 2003. *The Value Profit Chain: Treat Employees Like Customers and Customers Like Employees*. New York: The Free Press.

Hill, W., J. D. Hollan, D. Wroblewski, and T. McCandless. 1992. Edit wear and read wear: Text and hypertext. In *Proceedings of the 1992 ACM Conference on Human Factors in Computing Systems (CHI'92)*. New York: ACM Press.

Hollan, J. D., E. Hutchins, and D. Kirsh. 2000. Distributed cognition: A new foundation for human-computer interaction research. In *ACM Transactions on Human-Computer Interaction: Special Issue on Human-Computer Interaction in the New Millennium* 7(2), 174–196. <http://hci.ucsd.edu/lab/hci_papers/JH1999-2.pdf>.

Hutchins, E. 1995a. *Cognition in the Wild*. Cambridge, Mass.: MIT Press.

Hutchins, E. 1995b. How the cockpit remembers its speeds. *Cognitive Science* 19:265–288. <http://hci.ucsd.edu/lab/hci_papers/EH1995-3.pdf>.

Kahneman, D. 2003a. A perspective on judgment and choice: Mapping bounded rationality. *American Psychologist* 58 (9):697–720.

Kahneman, D. 2003b. Maps of bounded rationality: A perspective on intuitive judgment and choice. In *Les Prix Nobel 2002*, ed. T. Frangsmyr Stockholm, Sweden: Almquist & Wiksell International. <http://nobelprize.org/nobel_prizes/economics/laureates/2002/kahnemann-lecture.pdf>.

Kirsh, D. 1991. When is information explicitly represented? In *Information, Language, and Cognition*, ed. P. P. Hanson, 340–365. New York: Oxford University Press.

Kirsh, D. 1995. The intelligent use of space. *Artificial Intelligence* 73 (1–2):31–68.

Kirsh, D. 1996. Adapting the environment instead of oneself. *Adaptive Behavior* 4 (3–4):415–452.

Kirsh, D. 2003. Implicit and explicit representation. In *Encyclopedia of Cognitive Science*, ed. L. Nadel, 478–481. London: Nature Publishing Group. <http://adrenaline.ucsd.edu/kirsh/articles/implicit_explicit/implicit_explicit.pdf>.

Laughery, K. R., and M. S. Wogalter. 2008. On the symbiotic relationship between warnings research and Forensics. *Human Factors* 50 (3):529–533.

Leonard, S. D., and E. W. Karnes. 2000. Compatibility of safety and comfort in vehicles. Paper presented at the Proceedings of the IEA 2000/HFES 2000 Congress.

Leonhardt, D. 2007. Technology eases the tide to higher tolls. *New York Times*, July 4.

Maister, D. 1985. The psychology of waiting lines. In *The Service Encounter: Managing Employee/Customer Interaction in Service Businesses*, ed. J. A. Czepiel, M. R. Solomon, and C. F. Surprenant. Lexington, Mass.: D. C. Heath and Company, Lexington Books. <http://davidmaister.com/articles/5/52>.

McCollough, M. A., L. L. Berry, and M. S. Yadav. 2000. An empirical investigation of customer satisfaction after service failure and recovery. *Journal of Service Research* 3 (2):121–137.

Mencken, H. L. 1917. *The Divine Afflatus* in *New York Evening Mail* (November 16, 1917); later published in *Prejudices: Second Series*

(1920) and *A Mencken Chrestomathy* (1949). Retrieved from <http://en.wikiquote.org/wiki/H._L._Mencken> on May 17, 2008.

Mitchell, T., and L. Thompson. 1994. A theory of temporal adjustments of the evaluation of events: Rosy prospection and rosy retrospection. In *Advances in Managerial Cognition and Organizational Information-Processing* (vol. 5), ed. C. Stubbart, J. Porac, and J. Meindl, 85–114. Greenwich, Conn.: JAI Press.

Mitchell, T. R., L. Thompson, E. Peterson, and R. Cronk. 1997. Temporal adjustments in the evaluation of events: The "rosy view." *Journal of Experimental Social Psychology* 33 (4):421–448.

Myhill, C. 2004. Commercial success by looking for desire lines. Paper presented at the 6th Asia Pacific Computer-Human Interaction Conference (APCHI 2004). <http://www.litsl.com/personal/commercial_success_by_looking_for_desire_lines.pdf>.

Nass, C. I., and S. Brave. 2005. *Wired for Speech: How Voice Activates and Advances the Human-Computer Relationship*. Cambridge, Mass.: MIT Press.

Nievergelt, J., and J. Weydert. 1987. Sites, modes, and trails: Telling the user of an interactive system where he is, what he can do, and how to get to places. In *Readings in Human-Computer Interaction: A Multidisciplinary Approach*, ed. R. M. Baecker and W. Buxton, 438-441. San Francisco: Morgan Kaufmann.

Norman, D. A. 1982. *Learning and Memory*. New York: Freeman.

Norman, D. A. 2002. *The Design of Everyday Things*. New York: Basic Books. (Originally published as Norman, D. A. 1988. *The Psychology of Everyday Things*. New York: Basic Books.)

Norman, D. A. 2007. *The Design of Future Things*. New York: Basic Books.

Norman, D. A. 2009a. Compliance and tolerance. *Interaction* 16 (3):61–65.

Norman, D. A. 2009b. Designing waits that work. *MIT Sloan Management Review* 50 (4): 23–28.

Ockham's razor. 2010. Encyclopaedia Britannica. Retrieved from <http://www.britannica.com/EBchecked/topic/424706/Ockhams-razor> on January 29, 2010.

Parasuraman, A., V. A. Zeithaml, and A. Malhotra. 2005. E-S-QUAL: A multiple-item scale for assessing electronic service quality. *Journal of Service Research* 7 (3):213–233. <http://jsr.sagepub.com/cgi/content/abstract/7/3/213>.

Planishing. 2009. Retrieved from <http://en.wikipedia.org/wiki/Planishing> on January 15, 2010.

Pruyn, A., and A. Smidts. 1998. Effects of waiting on the satisfaction with the service: Beyond objective time measures. *International Journal of Research in Marketing* 15 (4):321–334.

Reeves, B., and C. I. Nass. 1996. *The Media Equation: How People Treat Computers, Television, and New Media Like Real People and Places*. Stanford, Calif.: CSLI Publications and New York: Cambridge University Press.

Richardson, B. J., and B. Oppenheimer. Acela. *@issue Journal* 7(2): 24–31. <http://www.cdf.org/issue_journal/acela.html>.

Sacchi, D. L. M., F. Agnoli, and E. F. Loftus. 2007. Changing history: Doctored photographs affect memory for past public events. *Applied Cognitive Psychology* 21:1005–1022. <https://webfiles.uci.edu/eloftus/Sacchi_Agnoli_Loftus_ACP07.pdf?uniq=je5vga>.

Schoenberg, A. 1985. A new twelve-tone notation. In *Style and Idea: Selected Writings of Arnold Schoenberg*, ed. A. Schoenberg and L. Stein (354–362). Berkeley: University of California Press. (Originally published in 1924.)

Schwartz, B. 2005. *The Paradox of Choice: Why More Is Less.* Hampshire: Palgrave Macmillan.

Semiotics. 2010. In *Encyclopaedia Britannica*. Retrieved February 25, 2010, from Encyclopaedia Britannica Online: <http://www.britannica.com/EBchecked/topic/534099/semiotics>.

Shostack, G. L. 1984. Designing services that deliver. *Harvard Business Review* 62 (1): 133–139.

Sidel, R. 2009. WaMu's branches lose the smiles. *Wall Street Journal*, April 7, p. C1, from <http://online.wsj.com/article/SB123906012127494969.html>.

SimCity 2000. 2008. Retrieved from <http://en.wikipedia.org/wiki/Simcity_2000>.

Spraragen, S. 2010. Practicing the best practice: Designing effective health care experiences. Paper presented at the Design & Emotion, 2010 Conference, Chicago.

Spraragen, S., and C. Chan. 2009. *IBM Service Design Workbook: Expressive Service Blueprinting: Setting the Stage for Positive Customer Experiences*. Distributed at workshop given at the Art and Science of Service V conference.

Steinbeck, J. 1952. *East of Eden*. New York: Viking Press. <http://www.scribd.com/doc/24313691/John-Steinbeck-East-of-Eden>.

Sutton, R. I. 1992. Feelings about a Disneyland visit: Photography and the reconstruction of bygone emotions. *Journal of Management Inquiry* 1 (4):278–287.

Teboul, J. 2006. *Service Is Front Stage: Positioning Services for Value Advantage*. Hampshire: Palgrave Macmillan.

Technology. 2008. Encyclopaedia Britannica Online. Retrieved from <http://www.britannica.com/EBchecked/topic/585418/technology>.

Tesler, L., and D. Saffer. 2007. Larry Tesler interview: The laws of interaction design. In *Designing for Interaction: Creating Smart Applications and Clever Devices*, ed. D. Saffer. Berkeley, Calif.: New Riders. Published in association with AIGA Design Press.

Thaler, R. H., and C. R. Sunstein. 2008. *Nudge: Improving Decisions about Health, Wealth, and Happiness*. New Haven, Conn.: Yale University Press.

Trope, Y., and N. Liberman. 2003. Temporal construal. *Psychological Review* 110 (3):403–421.

Van Der Leun, J. 2005. Please don't drink the fingerbowl. *O, The Oprah Magazine*, August. <http://www.oprah.com/omagazine/Please-Dont-Drink-the-Finger-Bowl>.

Vannevar Bush. 2010. In *Encyclopaedia Britannica*. Retrieved February 25, 2010, from Encyclopaedia Britannica Online: <http://www.britannica.com/EBchecked/topic/86116/Vannevar-Bush>.

Voice, P. 2007. Desire lines and their part in landscaping. *Landscape Juice*, May 13. Retrieved July 13, 2008, from <http://www.landscapejuice.com/2007/05/desire_lines_in.html>.

Ward, J. C., and J. W. Barnes. 2001. Control and affect: The influence of feeling in control of the retail environment on affect, involvement, attitude, and behavior. *Journal of Business Research* 54 (2):139–144.

Watson, J. L. 2008. Cultural globalization. Retrieved May 10, 2009, from Encyclopaedia Britannica Online: <http://www.britannica.com/EBchecked/topic/1357503/cultural-globalization>.

Whitehead, A. N. [1920] 1990. *The Concept of Nature*. Cambridge: Cambridge University Press.

Wright, A. 2003. Forgotten forefather: Paul Otlet. *Boxes and Arrows*. Retrieved July 13, 2008, from <http://www.boxesandarrows.com/view/forgotten_forefather_paul_otlet#comments>.

Wright, A. 2008. The web time forgot: The Mundaneum Museum honors the first concept of the World Wide Web. *New York Times*, June 17. Retrieved from <http://www.nytimes.com/2008/06/17/science/17mund.html?pagewanted=all>.

Wu, A. 2004. Bank drops drab: Washington Mutual wins patent for branch concept. *SDGate (San Francisco Chronicle)*, June 26. Retrieved from <http://www.sfgate.com/cgi-bin/article.cgi?f=/c/a/2004/06/26/BUGND7CI8A1.DTL>.

Zahavi, A., and A. Zahavi. 1997. *The Handicap Principle: A Missing Piece of Darwin's Puzzle*. New York: Oxford University Press.

索　引